水利科技推广转化支撑保障战略研究

冷元宝　等著

黄河水利出版社
·郑州·

内 容 提 要

按照"厘清现状—分析形势—预测前景—明确战略—强化措施"的技术路线,系统开展了水利科技推广转化支撑保障战略研究,明晰了水利科技成果、水利科技成果转化等相关概念和内涵,提出了适宜水利行业的科技成果转化率界定规则和计算方法,厘清了水利科技推广转化工作发展所面临的问题和不足。在此基础上,提出了水利科技推广转化工作的近期(2025年)、中期(2035年)和远期(2050年)目标,并从政策、制度、人才、资金、平台、激励等6个方面提出了具有较强操作性的水利科技成果转化支撑保障机制,以及面向水利科技成果转化的后评估方法体系,编写了《水利部促进科技成果转化管理办法(建议稿)》。

本书可供从事水利科技成果转化研究、规划和管理的专业技术人员及师生阅读与参考。

图书在版编目(CIP)数据

水利科技推广转化支撑保障战略研究/冷元宝等著
.—郑州:黄河水利出版社,2022.3

ISBN 978-7-5509-3256-2

Ⅰ.①水… Ⅱ.①冷… Ⅲ.①水利建设-科技成果-成果转化-研究-中国 Ⅳ.①TV-12

中国版本图书馆CIP数据核字(2022)第047651号

组稿编辑:岳晓娟 电话:0371-66020903 E-mail:2250150882@qq.com

出 版 社:黄河水利出版社 网址 www.yrcp.com

地址:河南省郑州市顺河路黄委会综合楼14层 邮政编码:450003

发行单位:黄河水利出版社

发行部电话:0371-66026940、66020550、66028024、66022620(传真)

E-mail:hhslcbs@126.com

承印单位:河南瑞之光印刷股份有限公司

开本:890 mm×1 240 mm 1/32

印张:5.25

字数:132千字 印数:1—1 000

版次:2022年3月第1版 印次:2022年3月第1次印刷

定价:42.00元

前　言

水利科技成果的推广转化是水利科技创新的重要组成部分，是水利科技与经济发展相结合的关键环节。然而，受经费、人员投入以及体制机制等的限制，水利科技成果转化与推广水平低于国内其他行业，仍然是水利科技创新的薄弱环节。近年来，国家创新驱动发展战略和"节水优先、空间均衡、系统治理、两手发力"治水思路的提出，对水利科技推广转化工作提出了新的要求和挑战。因此，如何适应好新阶段水利高质量发展新形势，在当前乃至今后一个时期水利科技创新发展整体布局下，进一步强化水利科技推广转化工作，加快推进科技成果转化应用，实现水利行业技术水平的提升，更好地支撑和保障国家水治理体系及能力现代化，成为当前水利工作的重要任务。

水利部高度重视科技成果的推广转化工作，于 2019 年立项水利重大科技问题研究项目"水利科技和标准化支撑保障战略研究"，由黄河水利委会员黄河水利科学研究院（简称黄科院）、水利部科技推广中心（简称部推广中心）、河海大学、安徽省·水利部淮河水利委员会水利科学研究院（简称淮科院）、珠江水利委员会珠江水利科学研究院（简称珠科院）共同承担完成，主要目的是摸清水利推广转化现状水平、分析水利推广转化面临形势和挑战、预测水利推广转化发展前景、明确水利推广转化战略目标和布局、提出水利推广转化支撑保障战略措施和手段。本书是该项目科技成果转化方面研究成果的总结与凝练。

本书由冷元宝主笔和统稿。其中，黄科院屈博主要参与第 1 章、第 3 章全部内容以及第 2 章水利科技成果转化的基本概念、第

4章水利科技成果转化影响因素权重确定等部分内容研究工作，并协助参与全书的撰写工作；部推广中心曹景华、王誉翔、张雷、樊博、娄瑜主要参与第2章水利科技成果转化的现状水平分析研究工作；河海大学廖迎娣、郝少盼、陈达主要参与第4章水利科技推广转化发展前景预测的研究工作；黄科院岳瑜素、田勇、伍艳、荆新爱、王艳平主要参与第5章水利科技推广转化支撑保障战略目标和布局的研究工作；淮科院崔德密、李瑞、吕列民、郝胜男、黄从斌主要参与第6章水利科技推广转化支撑保障战略措施的研究工作；珠科院黄春华、范群芳、曾碧球主要参与第7章水利科技推广转化支撑保障战略手段的研究工作。研究期间得到了中国社会科学院数量经济与技术经济研究所、中国科学技术发展战略研究院、河南矿山抢险救灾中心等单位以及推广转化专家吴寿仁教授、邱超凡高工的热情帮助和大力支持。在此，对研究团队各位成员的辛勤努力和专家的智慧奉献深表感谢！

作　者

2022年2月

目　录

第 1 章　概　述

1.1　研究背景

科技成果转化尤其是科技成果产业化一直是人们关注的话题。党的十八大以来，以习近平同志为核心的党中央把促进科技成果转化摆在十分重要的位置进行谋划部署。2014 年 3 月 14 日，习近平总书记在中央财经领导小组第五次会议上，从全局和战略的高度，明确提出新时代治水思路“节水优先、空间均衡、系统治理、两手发力”，赋予了新时代治水的新内涵、新要求、新任务，为强化水治理、保障水安全指明了方向，是做好水利工作的科学指南。会上，习近平总书记提出需要解决十大水利重要问题和重要方案，明确指出要更多运用成熟适用技术，推动水利科技成果转化。2014 年 6 月 9 日，在中国科学院第十七次院士大会、中国工程院第十二次院士大会上，习近平总书记指出，多年来，我国一直存在着科技成果向现实生产力转化不力、不顺、不畅的痼疾，其中一个重要症结就在于科技创新链条上存在着诸多体制机制关卡，创新和转化各个环节衔接不够紧密。就像接力赛一样，第一棒跑到了，下一棒没有人接，或者接了不知道往哪儿跑。2014 年 8 月，在中央财经领导小组第七次会议上，习近平总书记指出，要杜绝科研经济两张皮，一个是科技创新的轮子，一个是体制机制创新的轮子，两个轮子共同转动，才有利于推动经济发展方式根本转变。

2015 年 8 月，国家修订颁布《中华人民共和国促进科技成果转化法》,针对科技成果供求双方信息流通、考核评价体制重成果轻应用、转化收益上缴财政多、转化服务薄弱等问题,新增、调整了约32项重要制度,重要制度突破包括下放成果处置、使用、收益权,定价免责,奖励不受绩效工资总额限制等方面。2016年2月出台《实施〈中华人民共和国促进科技成果转化法〉若干规定》,强调要打通科技与经济结合的通道,促进大众创业、万众创新,鼓励研究开发机构、高等院校、企业等创新主体及科技人员转移转化科技成果,推进经济提质增效升级。鼓励研究开发机构、高等院校通过转让、许可或者作价投资等方式,向企业或者其他组织转移科技成果。2016年4月出台《促进科技成果转移转化行动方案》,提出推动一批短中期见效、有力带动产业结构优化升级的重大科技成果转化应用,企业、高校和科研院所科技成果转移转化能力显著提高,市场化的技术交易服务体系进一步健全,科技型创新创业蓬勃发展,专业化技术转移人才队伍发展壮大,多元化的科技成果转移转化投入渠道日益完善,科技成果转移转化的制度环境更加优化,功能完善、运行高效、市场化的科技成果转移转化体系全面建成。2017年9月出台《国家技术转移体系建设方案》,提出通过激发创新主体技术转移活力、建设统一开放的技术市场、发展技术转移机构、壮大专业化技术转移人才队伍、依托创新创业促进技术转移、深化军民科技成果双向转化、推动科技成果跨区域转移扩散、拓展国际技术转移空间等措施,加快建设和完善符合科技创新规律、技术转移规律和产业发展规律的国家技术转移体系,全面提升科技供给与转移扩散能力,推动科技成果加快转化为经济社会发展的现实动力。至此,从国家层面形成了从修订法律条款、制定配套细则到部署具体任务的促进科技成果转化“三部曲”。为了适应新形势新要求,2021年8月出台《关于完善科技成果评价机制的指导意见》,提出财政税收政策进一步加大科技成果转化投入力度,提高科技成果转化奖励比例、股权期权激励、所得税减免等改革举措，大幅度提高科研人员科技成果转化收入，极大地调动了科研人员积极性。

水利部高度重视科技成果的推广转化工作，近年来陆续发布促进科技成果推广转化的制度文件，包括《关于实施创新驱动发展战略加强水利科技创新若干意见》《关于促进科技成果转化的指导意见》《关于抓好赋予科研机构和人员更大自主权有关文件贯彻落实工作的通知》等。2020 年 6 月，为加快推进水利科技推广工作，切实发挥先进适用技术对保障水安全的重要支撑作用，制定《水利科技推广工作三年行动计划(2020—2022 年)》。2021 年组织编写《水利科技推广管理办法(初稿)》，在职责、组织实施、体系建设、保障监督等方面提出了具体的管理细则。2022 年印发《"十四五"水利科技创新规划》，提出围绕全面提升水旱灾害防御能力、水资源集约节约利用能力、水资源优化配置能力、大江大河大湖生态保护治理能力和推动新阶段水利高质量发展的 6 条实施路径，加强顶层设计，深化体制改革，强化水利战略科技力量，切实加强先进适用科技成果推广转化，继续夯实创新基础条件，不断提升科技创新能力和科技攻关水平，以高水平的科技自立自强支撑引领新阶段水利高质量发展。在水利部领导下，近年来各地方、各部门促进水利科技成果转化的政策措施陆续出台，对科技成果转化的投入明显增加，水利行业科技成果的推广转化工作逐步迈向新阶段。

1.2 研究意义

科技成果转化是实现创新驱动发展的关键要素，是科技和经济之间的桥梁。然而，一方面受经费人员投入和体制机制等的限制,水利科技成果转化与推广水平低于农业、林业等国内其他行业,已成为水利科技创新的薄弱环节;另一方面,国家创新驱动发展战略和“节水优先、空间均衡、系统治理、两手发力”治水思路的提出,对水利科技推广转化工作提出了新的要求和挑战。因此,如何适应新阶段水利高质量发展新形势,在当前乃至今后一个时期水利科技创新发展整体布局下,进一步强化水利科技推广转化工作,加快推进科技成果转化应用,实现水利行业技术水平的提升,更好地支撑和保障国家水治理体系和能力现代化,成为当前水利工作的重要任务。

1.3 研究内容

按照“厘清现状—分析形势—预测前景—明确战略—强化措施”的技术路线,采用资料收集、实地调研、问卷调查、统计分析等方式方法,系统开展水利科技推广转化支撑保障研究,研究内容主要包括5个部分,具体如下:

(1)水利科技推广转化基本概念研究。

对当前水利科技推广和科技成果转化特征、概念、基本内涵、方式方法、界定原则等进行全面系统梳理,厘清概念不明、范围不清、界定模糊的科技推广转化现状。

(2)水利科技推广转化现状研究。

通过问卷调查和实地访谈等方式深入分析水利科技推广转化现状,剖析科技推广转化工作发展所面临的重点和难点问题。

(3)水利科技成果转化前景预测研究。

分析总结影响水利科技成果转化的主要因素,对水利科技推广转化工作的发展前景进行预测分析。

(4)水利科技推广转化体制机制研究。

提出适宜于水利科技推广转化的制度机制、激励机制和监督机制，并从政策、人才、经费、体系、制度和组织等方面提出具体的保障措施，形成一套具体的工作制度和方法。

(5)水利科技推广转化后评估制度研究。

提出水利科技成果转化后评估方法，为下一周期的工作决策和管理提供科学、可靠的参考依据。

第2章 水利科技推广转化现状水平分析

2.1 水利科技成果的基本概念

2.1.1 科技成果的定义及特征

根据《中华人民共和国促进科技成果转化法》第二条规定,科技成果是指通过科学研究与技术开发所产生的具有实用价值的成果。具体表现形式为发明专利权、软件著作权、集成电路布图设计、植物新品种权、技术秘密等,既包括已取得知识产权保护的成果,也包括未取得知识产权保护的成果。

科技成果基本特征如下:

(1)新颖性与先进性:没有新的创见、新的技术特点或与已有的同类科技成果相比较为先进之处,不能作为新科技成果。

(2)实用性与重复性:实用性包括符合科学规律、具有实施条件、满足社会需要。重复性是可以被他人重复使用或进行验证。

(3)应具有独立、完整的内容和存在形式,如新产品、新工艺、新材料以及科技报告等。

(4)应通过一定形式予以确认:通过专利审查、专家鉴定、检测、评估或者市场以及其他形式的社会确认。

2.1.2 科技成果分类

根据《科技成果登记办法》,科技成果可分为三大类型:

(1)基础理论成果,是指在基础研究和应用研究领域取得的新发现、新学说,其成果的主要形式为学术论文、学术著作、原理性模型或方法等。

(2)应用技术成果,是指在科学研究、技术开发和应用中取得的新技术、新工艺、新产品、新材料、新设备、新品种,以及专利、软件著作权等。

(3)软科学成果,是指对科技政策、科技管理和科技活动的研究所取得的理论、方法和观点,其成果的主要形式为研究报告。

2.1.3　水利科技成果的概念内涵

根据科技成果的定义和水利行业领域发展的内涵,水利科技成果是指为水利行业科技进步和生产力的发展开展的各类科学技术研究、技术开发、技术咨询和技术服务,所产生的具有一定学术价值或技术应用价值,具备科学性、创造性、先进性等属性的新发现、新理论、新方法、新技术、新品种和新工艺等。

其内涵包括特征、类型、表现形式、价值、主体和需求方6个方面,具体如下。

2.1.3.1　特征

水利行业涉及面广,行业发展是关系社会经济和民生安全的大事,尤其是水利工程关乎江河安澜、人民安居乐业,水资源是工业、农业、城市建设发展的命脉,既要管好盛水盆,也要管好盆里水。这充分彰显了水利行业的重要地位,水利科技涉及多个学科,水利科技成果不仅具有显著的基础性和公益性,还有其技术复杂性、应用性和实效性。

1. 水利科技成果的基础性和公益性

水利是现代农业发展的命脉,是经济社会发展的基础支撑,是生态环境改善不可分割的保障系统,具有很强的公益性、基础性、战略性。公益性也是水利科技成果的一个重要特征。绝大部分水利科技活动以公益需求为导向,依赖公共财政支出,其推广应用也主要依赖公共财政。

2. 水利科技成果的复杂性

水利学科的研究领域既涉及江河湖泊的规划、开发、治理与保护,水利工程的勘测、设计、施工、运用与管理等所需的各种基础科学、应用科学与应用技术体系,又与自然科学、工程科学、环境科学、管理科学、经济学与社会学等众多学科交叉融合。水利科技成果可分为水文水资源、水生态环境、防洪抗旱与减灾、泥沙与水土保持、河湖治理(含河口治理与保护)、农村水利、牧区水利、水力学及河流动力学、岩土工程、工程抗震、工程监测与检测、水利机械与机电、水工结构与材料、水利信息化等。

3. 水利科技成果的应用性

水利领域的科学研究和技术开发活动,具有十分明显的应用导向。一方面,水利科研项目在立项之初就有十分明确的问题导向。另一方面,水利科技成果优劣的重要判断标准就是能否被转化应用,并且具有十分良好的社会经济效益,或者即便没有及时转化,也具有非常高的转化潜力。

2.1.3.2 类型

从水利科技成果评价过程的复杂性与经济性考虑,水利科技成果可分为三大类,包括水利基础研究成果、水利应用技术研究成果、水利软科学研究成果。

1. 水利基础研究成果

基础研究是指认识自然现象,揭示自然规律,获取新知识、新原理、新方法的研究活动,主要包括:科学家自主创新的自由探索和国家战略任务的定向性基础研究;对基础科学数据、资料和相关信息系统地进行采集、鉴定、分析、综合等科学研究基础性工作等。水利基础研究成果是指主要以水为研究对象,在水文、水力学以及岩土力学等水利学科研究过程中产生的基础理论、基础数据、基本规律等的并具有学术价值或潜在实用价值的创新性结果。水利基础研究成果是水利行业科研人员和机构在该领域开展自由探索所产生的成果,对于深化人类对水及水利认识的科学性,提升水利活动的理论依据具有重要的意义。

2. 水利应用技术研究成果

基础研究获取的知识必须经过应用研究才能发展为实际运用的形式。应用技术研究是水利科技人员和机构,在水利开发利用及水利工程建设的研究过程中所产生的实用技术和方法手段。水利应用技术研究成果直接针对水利建设问题,是水利科技成果体系中最重要的部分,主要包括水灾害防治技术、农村水利技术、水资源水环境技术、水利工程机械技术、水利信息技术等。

3. 水利软科学研究成果

软科学研究的根本目的就是面向国民经济和社会发展的重大问题,为党和政府的各级各类决策提供科学依据。水利软科学研究成果是指经过充分调研、专家咨询等,产生的结果被有关水利部门采纳,产生广泛效益的论文、调研报告、战略研究报告、建议等。

2.1.3.3　表现形式

水利科技成果的表现形式多种多样,从是否具有知识产权的角度可归纳为以下两类:

(1)知识产权类。获得国家授权的发明专利、实用新型专利、外观设计专利,计算机软件著作权等。

(2)非知识产权类。科学论文、科学著作、科技奖励、标准规范、研究报告、技术秘密、技术能力等,具体如表2-1所示。

2.1.3.4　价值

习近平总书记在2016年5月30日召开的“科技三会”上发表重要讲话指出:要改革科技评价制度,建立以科技创新质量、贡献、绩效为导向的分类评价体系,正确评价科技创新成果的科学价值、技术价值、经济价值、社会价值、文化价值。

表 2-1　水利科技成果表现形式

成果类别	表现形式	基础研究成果	应用技术研究成果	软科学研究成果
知识产权类	专利	✓	✓	
	计算机软件		✓	
非知识产权类	论文论著	✓	✓	✓
	研究报告	✓	✓	✓
	新品种		✓	
	新装置(或装备)		✓	
	新材料		✓	
	新工艺(或新方法、新模式)		✓	
	人才培养	✓	✓	✓
	技术标准		✓	
	基地建设	✓	✓	✓

(1)科学价值。通过对客观世界各种事物的属性与本质及运动规律的认识,发现其对人类的生存与发展所能产生的意义。

(2)技术价值。通过技术应用,科技成果对技术进步及生产力发展所能产生的作用。

(3)经济价值。科技成果应用或转让所取得的直接或间接经济效益、潜在经济效益。

(4)社会价值。科技成果应用过程在环境、生态、资源等保护与合理利用,提高人们生活水平,防灾减灾,保障社会和谐、经济及持久发展等方面,为社会、环境、居民等带来的综合效益。

(5)文化价值。科技成果所具有的文化性质或者能够反映文化形态的属性,对于人类与社会所能产生的作用。

对于水利科技创新成果，同样具有科学价值、技术价值、经济价值、社会价值和文化价值，但就整个水利行业来说，主要体现在社会价值和经济价值两个方面，其中环境价值是社会价值的重要组成部分。

2.1.3.5 主体

水利科技成果主体指水利科技成果研发主体，也就是水利科技成果的完成者，主要包括水利行业公益性科研院所、高等院校等。

2.1.3.6 需求方

水利行业的公益性属性决定了水利科技成果难以直接面向市场，水利科技工作必须以政府资金投入为主导。因此，水利科技成果需求方大多是政府投资的水利工程建设、运管等相关单位。

2.2 水利科技成果转化的基本概念

2.2.1 科技成果转化的定义及形态

2.2.1.1 科技成果转化的定义

《中华人民共和国促进科技成果转化法》对科技成果转化有着明确的定义，科技成果转化是指为提高生产力水平而对科技成果进行后续试验、开发、应用、推广直至形成新技术、新工艺、新材料、新装置等，发展新产业，以及面向企业或其他社会组织委托所开展的技术开发、技术咨询、技术服务、技术转让、技术培训等活动。

科技成果转化的概念可分为广义和狭义两种。广义的科技成果转化应当包括各类成果的应用、劳动者素质的提高、技能的加强、效率的增加等。因为科学技术是第一生产力，而生产力包括人、生产工具和劳动对象。因此，科学技术这种潜在的生产力要转化为直接的生产力，最终是通过提高人的素质、改善生产工具和劳动对象来实现的。从这种意义上讲，广义的科技成果转化是指将科技成果从创造地转移到使用地，使使用地劳动者的素质、技能或知识得到增加，劳动工具得到改善，劳动效率得到提高，经济得到发展。狭义的科技成果转化实际上仅指技术成果的转化，即将具有创新性的技术成果从科研单位转移到生产部门，使新产品增加、工艺改进、效益提高，最终经济得到进步。人们通常所说的科技成果转化大多指这种类型的转化，所讲的科技成果转化率就是指技术成果的应用数与技术成果总数之比。

2.2.1.2 科技成果转化的形态

1. 产品定义的广义性

人们通常所说的产品，从广义上来讲是指能够提供给人们消费和使用，并能满足人们某种需求的任何物品和服务，包括有形的产品、无形的产品，或它们的组合。

社会需要是随着社会发展在不断变化的，因此产品的种类、规格、款式也会相应地改变。新产品的不断涌现、产品质量的不断提高、产品种类和数量的不断增加，是现代社会经济发展的显著特点。

就水利行业来讲，首先，水利工程建造是涉及科研、设计、施工、监理、检测、管理等多部门参加的一个生产系统，其主要功能是向社会提供公益性服务；另外，水资源具有产品的属性，对水质、水量管理，尤其是收取水资源费，更能体现出产品的属性。因此，水利工程、水资源等可以说是一种特殊的产品。

2. 水利科技成果转化为生产类产品或技术类服务

水利行业具有较强的公益性，高等院校、科研院所开展的科研、技术开发是围绕行业发展需求，推进行业科技进步而进行系列的研发和技术应用。水利科技成果大部分转化为技术类服务，也有少部分转化为产业化的产品。

2.2.2　科技成果转化方式

根据《中华人民共和国促进科技成果转化法》第十六条,科技成果转化具有如下六种转化方式。

2.2.2.1　**自行转化**

科技成果所有人自己投资进行科技成果转化,这种转化方式是科技成果所有人与科技成果转化人重合,不发生知识产权转移,科技成果所有人取得全部的转化收益,承担全部的转化风险,且享有后续开发成果的所有权。

高等院校、科研院所或企业等主体将其研发的科技成果应用于本单位的生产活动,此方式的特点是没有中间环节,降低了成果转化的交易成本,但仅适合于研发生产链条较为完善的主体。

2.2.2.2　**技术转让**

科技成果技术转让,是指科技成果所有人把生产一种产品、工艺或提供一种服务的系统技术向科技成果转化人的转移。这里交易的标的是科技成果中的知识产权,涉及专利权、软件著作权等,通常是成果所有人与成果引进人签署技术转让协议,来约束双方的权利和义务,转让价格是协议的核心内容,跟踪技术服务和后期技术研发也不能忽视。该方式是把科技成果转化收益和风险全部转移,可以充分发挥高等院校、科研院所的研发优势,也可发挥企业的生产和市场优势,对于成熟度较高、市场前景较好的科技成果是可以优先选择的方式。

2.2.2.3　**许可使用**

科技成果许可使用,是指科技成果所有人允许科技成果转化人获得科技成果知识产权的使用权利,实施科技成果的产业化或技术知识的使用。该方式通常是成果所有人与科技成果转化人签订许可使用协议,获得实施科技成果知识产权的权利,不必转移科技成果的所有权,其交易的标的是科技成果知识产权的实施权。

2.2.2.4　合作转化

科技成果合作转化,是指科技成果所有人与合作人发挥各自的优势,共同实施科技成果转化,实现收益共享、风险共担的方式。通常是由科技成果所有人与合作人签订合作转化协议,明确双方享有的权利和承担的义务,尤其是科技成果转化所需的生产设备、后续研发、利益分配、风险分担等。目前,高等院校、科研院所与企业采用这种方式较普遍。以科技成果作为合作条件,不涉及科技成果权属的转移,程序简单。对于企业来说,不必支付科技成果的使用费或转让费。此方式有利于产、学、研单位以技术为纽带形成利益共享、风险共担的合作机制。

2.2.2.5　作价投资

科技成果作价投资,是指科技成果所有人将科技成果知识产权作为资本投入被投资企业,取得企业相应的股权(份),并参与企业的经营管理,分享经营收益,分担经营风险。科技成果作价投资以后,由被投资企业取得科技成果所有权,并被纳入其无形资产进行经营管理。这种方式科技成果所有人可以继续进行科技成果的后续研发、分享其转化收益,且不受知识产权的保护期限的限制。对于被投资企业来讲,不需要支付现金就可获得对科技成果所有权的控制及其转化收益,是一种成本低、风险小的交易方式。其突出特点是各投资方结成紧密的合作关系,尽其所能地投入资金、技术、市场渠道、人才、资源等,并结成利益共享、风险共担的经营实体。

2.2.2.6　其他方式

1. 技术开发

技术开发是指利用自身拥有的研发技术和知识产权,为受托人就新技术、新产品、新工艺、新材料、新品种及其系统而进行的开发与改进工作。通常是技术持有人与受托人之间签订技术开发合同,明确双方在技术开发中享有的权利和承担的义务,并对后续研发知识产权进行明晰。

2. 技术咨询

技术咨询是指技术持有人根据委托方对某一技术项目的要求,利用自身的专门技术、技能、知识、经验和信息等,运用科学方法和先进手段,通过调查研究,为委托方提供技术选用的建议和解决方案。通常是对特定技术项目提供可行性论证、技术预测、专题技术调查、分析评价等咨询报告,它是技术市场的主要经营方式和范围。技术咨询内容广泛,包括项目的可行性研究、效益分析、工程设计、施工、监督、监测及鉴定、设备的订购、竣工验收等。技术咨询服务是高等院校、科研院所、学术团体从事科技成果转化的重要形式之一,是通过签订技术咨询合同来实现的。

3. 技术服务

技术服务是指拥有技术方利用专业知识、经验和信息等,为受托方解决某一特定技术问题所提供的服务。技术服务内容广泛,涵盖改进产品结构、改良工艺流程、提高产品质量、降低产品成本、节约资源能耗、保护资源环境、实现安全操作、提高经济效益和社会效益等专业技术工作。主要包括计算应用技术、产品设计、测量、分析、安装、调试,以及提供技术信息、改进工艺、技术诊断、检验检测等服务。技术服务的作用是充分利用社会智力资源,解决科研和生产建设中的技术难题,促进科学技术进步和生产发展,从而促进社会经济的发展。

2.2.3 水利科技成果转化的概念与外延

根据对科技成果转化概念的界定,水利科技成果转化应该是指为提高水利现代化建设管理水平,通过一定的组织形式,对水利科技成果进行后续试验、开发、工程化应用,使科技成果为水利发展产生实际作用的活动。其内涵具体如下。

2.2.3.1 水利科技成果转化特征

水利科技成果转化有三个关键环节：

(1)从研究到开发,即将水利科学研究所取得的新知识转化为新技术。

(2)从开发到商业化,即运用成熟的水利科技成果开发新产品、新工艺。

(3)从商业化到产业化,即将开发出的水利新产品或服务等推向市场,被市场所接受,并形成规模,实现产业化。

然而,水利行业的公益性和基础性决定了水利科技成果推广转化过程具有以下特点：

(1)转化资金投入比较单一。水利是基础性和公益性的行业,难以直接产生经济效益,因此水利投入难以有效吸引企业和社会资金,主要依靠政府的财政支出。

(2)科技成果来源比较单一。大部分的水利科技成果的转化应用是不能直接产生经济效益的,造成企业和社会资金不愿介入,多是依靠公益性的研究机构进行水利科技成果的研发,因此水利科技成果的拥有者大多是水利科研院所。

(3)科技成果转化体制机制无法与时俱进。水利科技投入属于财政公共开支,水利行业的特点决定了水利行业无法有效地按照市场机制高效运动。同时,科研单位缺乏科技成果推广转化的供给动力,应用单位也缺乏采用科技成果的需求动力,因此供方和需方之间缺乏有效的体制机制连接。

2.2.3.2 水利科技成果转化主体

水利科技成果转化涉及三大主体：

(1)水利科技成果的完成者——水利行业公益性科研院所、高等院校等。

(2)水利科技成果转化的实施者——企业及其他组织。

(3)从成果持有者向实施者转移的中间环节——技术市场和

技术交易中介。

2.2.3.3　水利科技成果转化方式

水利科技成果转化涉及《中华人民共和国促进科技成果转化法》第十六条规定的(一)~(六)转化方式。其中,面向政府、企事业单位及其他社会化组织等需求所提供的水利技术开发、技术咨询、技术服务等都是转化已有水利科技成果,属于水利科技成果转化的重要方式。

《国务院关于印发实施〈中华人民共和国促进科技成果转化法〉若干规定的通知》(国发〔2016〕16 号):对科技人员在科技成果转化工作中开展技术开发、技术咨询、技术服务等活动给予的奖励,可按照促进科技成果转化法和本规定执行。《中共中央办公厅 国务院办公厅印发〈关于实行以增加知识价值为导向分配政策的若干意见〉》(厅字〔2016〕35 号):技术开发、技术咨询、技术服务等活动的奖酬金提取,按照《中华人民共和国促进科技成果转化法》及《实施〈中华人民共和国促进科技成果转化法〉若干规定》执行。因此,可以认为,水利科研院所、高等院校等开展的技术开发、技术咨询、技术服务,属于水利科技成果的重要转化方式。

2.2.3.4　水利科技成果转化效益

1. 经济效益

水利科技引领水利行业快速发展,由于水利是关乎国计民生的基础产业,涉及防洪、除涝、灌溉、供水、水力发电等,水利经济效益主要体现在防洪效益、排涝效益、农田灌溉效益、水力发电效益、供水效益、水土保持效益等六大方面。

(1)防洪效益。水利工程为社会安全和国民经济发展提供保障,是经济社会领域中的一项重要经济实践活动,防洪工程设施是社会生产力。防洪工程主要是给防洪保护区以安全保障,使其免遭大洪水破坏。因此,水利防洪效益是指防洪工程减免的洪灾损失,包括防洪保护区内国民经济各部门,工、农、商、交通、建筑业和群众财产等直接经济损失之和。

(2)排涝效益。是指兴修除涝工程或措施后,增加或减免的农业主产品产量或产值。

(3)农田灌溉效益。主要体现在由于灌溉增加的农业产品产量和产值。农产品增产量是由灌溉和农业措施综合作用的结果。没有水利条件,很多农业措施就不能发挥作用,但没有农业技术措施的配合,产量也不能大幅度的提高,因此农田灌溉效益既有水利效益,也有农业种植效益。

(4)水力发电效益。水力发电的经济效益是指水电工程发电所创造的,用发电量(扣除厂用电及线损)乘以电价即为水电的直接经济效益。

(5)供水效益。水利工程是指按目前习惯划分的(自来水厂以上属供水水源工程,自来水厂以下配水工程则属城建工程),水利工程的城市供水效益包括城郊供水效益,不包括所属县的城乡供水和农业供水的效益,也不包括非工程措施的供水效益和水资源费的计算。

(6)水土保持效益。是指实施水土保持措施(包括水平梯田、沟坝地、水土保持林、果树、种草等)后,各类土地上由于水土保持的作用,直接生产的各类产品,如粮食、果品、枝条、饲料等净增的产量,获得的直接经济效益,主要包括:农副业(粮食、经济作物)增加的产值;林业(用材林、薪炭林、经济林)增加的产值;牧业(主要是牧草)增加的产值;渔业(水产)增加的产值等。

2. 社会效益

水利建设产生的社会效益是指水利工程在保障社会安定和促进社会发展中所起的作用。例如,洪水泛滥会造成人员伤亡,工厂企业停产,人民流离失所,需要救济的人员大量增加,如发生疫病将引起大量人口死亡,这一切均将引起社会动荡,引发大量社会问题。而有了防洪工程后,就可避免或减免这类情况的发生,这就是防洪社会效益的表现。同时,兴建水利工程促进了国家生产力布局合理,为国家或地区经济持续稳定发展提供保障;改善地区经济环境,促进和带动形成新的经济区等。这些都是水利工程的社会效益。

3. 环境效益

水利建设产生的环境效益主要指防洪工程设施保护和改善生态环境所起的作用及可获得的利益,如减轻或减免洪水灾害,降低灾害发生频率,保护水质免受污染等,为人们提供合理的、稳定的生产和生活环境。

2.3 水利科技成果转化率的基本概念

2.3.1 科技成果转化率的定义

科技成果转化率概念的界定及统计,对评价和指导科技工作,制定正确的科技政策,促进科技成果向现实生产力转化,具有十分重要的意义。科技成果转化率的计算,通常可表示为

$$\eta = \frac{\sum_{i=1}^{L} S_i}{\sum_{j=1}^{N} A_j} \quad (N > L)$$

式中:η 为科技成果转化率;$\sum_{i=1}^{L} S_i$ 为已转化科技成果数;$\sum_{j=1}^{N} A_j$ 为科技成果总数。

但是,由于目前我国统计部门尚未设计出规范的统计指标,理论上也缺乏深入的探讨和研究,实践上亦未形成统一的计算口径,因此,出现统计口径不一、计算结果不一、评价不一等问题。近年来,关于科技成果转化率概念的研究主要可归纳为以下三种:

第一种观点认为:科技成果转化率是指已转化的科技成果占应用技术科技成果的比率。学者们从各自的专业角度,对何为“已转化的科技成果”有着不同的见解。王元地认为科技成果转化并非指所有一切得到“转化”的科技成果,而应根据技术成熟度和市场对技术的可接受程度界定科技成果转化的层次,将真正能称为成品的科技产品纳入科技成果转化的范畴。张雨认为只有需求者将应用科技成果与其他生产要素结合并用于生产后,得到的利益(直接利益或间接利益)比采用该项应用科技成果前更多,才能说明该项应用科技成果成功实现了转化。张美书等认为科技成果必须获得实践的检验和社会的承认,并且具有一定学术价值或实用价值,科技成果转化则是指应用科技成果转化为商品并取得规模效益。

第二种观点认为:科技成果转化率是指已转化的科技成果占全部科技成果的比例。有学者对这个观点中的“已转化的科技成果”也进行了探讨。程波认为科技成果转化是指机构利用自身优势,为发展科学创新技术,提高生产力水平,进行的包括科研目标的确定、科技成果的转移、科技成果的产生、科技成果的使用等四个阶段的过程。赵蕾等认为尽管基础理论成果和软科学成果无法直接应用于实际生产,相较于实际应用的科技成果,其成果转化的量化程度偏低,但由于其在某个时期内对技术创新、产业结构调整与优化能够起到巨大的推动作用,因此科技成果转化还是应考虑这类成果的转化情况的。常立农认为科技成果转化主要涉及两个过程:一是将科技成果开发出来,并让其成为批量生产的产品;二是将批量生产的产品投放市场,也就是成果至开发商品化过程。

第三种观点从管理角度,也有部分管理人员和学者直观地认为科技成果转化率是指科技成果占全部研究课题的比例。

对于水利行业的科技成果转化率,本书推荐第一种观点,即已转化的科技成果占应用类科技成果的比例。其中,已转化成果主要指可以直接转化为商品并取得规模效益的应用类科技成果。

2.3.2　国内外科技成果转化率对比分析

美国、德国等发达国家并不特别存在成果转化方面的问题。因为他们的科技成果本身就是面向市场的,科研成果研发出来就直接面向生产线,否则对于作为科研投资主体的企业来说,资金就“打水漂”了。因此,国内学者在参考美国政府评估机构的相关报告的基础上,通常将科技成果限定为发明专利,即以专利转化率指代科技成果转化率。

与美国和德国等发达国家相比,中国对科技成果转化率的强调带有一定的“中国特色”。之所以国内仍在强调“科技成果转化率”,是由两个因素促成的:一是很多项目在立项时没有考虑项目的商业化前景,或者一开始觉得有商业化价值,但在项目实施之后发现没有商业化价值;二是一些项目尽管有商业化前景,但大学、研究所没有动力去推行,致使转化率低。中国对“转化率”的强调,恰恰说明中国的科研不全是面向市场的。中国的科研依靠国拨经费,所以特别强调要转化。因此,单单用发明专利转化率是不符合中国国情的,应结合行业特点更好地界定已转化水利科技成果数和水利科技成果总数的范畴,准确提出科技成果转化率的概念。

2.3.3　水利科技成果转化率的界定与计算

综合以上研究分析,考虑水利行业科技成果转化的主要方式为技术开发、技术咨询和技术服务等,建议采用科技项目和发明专利作为确定水利科技成果转化率的主要参数。拟界定水利科技成果转化率计算口径如下。

2.3.3.1　水利科技成果总数

(1)知识产权类:授权发明专利数。

(2)非知识产权类:完成验收的科技项目数。

将知识产权类数值和非知识产权类数值相加即为水利科技成果总数。

2.3.3.2 已转化水利科技成果数

(1)知识产权类:发生交易、许可的发明专利数。

(2)非知识产权类:通过技术开发、技术咨询、技术服务等方式发生转化,并形成一定市场收益的应用类科技项目数。其中,应用类科技项目主要指成果可直接通过"三技"等方式发生转化应用于生产的项目,通常不包括国家自然科学基金等基础研究项目。

将知识产权类数值和非知识产权类数值相加即为已转化水利科技成果数。

2.3.3.3 水利科技成果转化率

水利科技成果转化率=已转化水利科技成果数/水利科技成果总数=(已转让发明专利数+形成市场收益的应用类科技项目数)/(发明专利总数+完成验收的科技项目总数)。

需要注意的是,水利科技成果转化需要一定的时间,通常不会在一年中完成所有过程。但研究发现,对于某一特定单位或领域,多年来发生转化推广的科技成果类型基本一致。因此,建议首先分析多年来(暂定为5年)形成市场收益的科技成果类型,并以此为依据,分别找出各年份与这些科技成果直接关联的应用技术类科技项目数和转化专利数(金额),将此作为已转化水利科技成果数,计算水利科技成果转化率。

按照该方法对水利行业科技成果转化率进行计算,考虑到对基础数据要求较为精细,难以大范围收集,本书挑选黄科院为典型代表。收集黄科院2017~2019年科技项目明细表(注:期间没有出现发明专利转化),通过分析发现,近几年发生转化的技术相对集中,主要涉及防洪影响评价、水资源论证、水土保持监测监理、水利工程安全鉴定、水库清淤、植被恢复等方面。按照提出的水利科技成果转化率的界定与计算公式,得到 2017～2019 年黄科院的已转化科技成果数和科技成果总数,如表 2-2 所示。

表 2-2　黄科院科技成果转化参数

年份	已转化科技成果数		水利科技成果总数	
	项数	金额/万元	项数	金额/万元
2017～2019 年	89	4 905. 84	356	15 928. 49

如表 2-2 所示,2017～2019 年黄科院的科技成果总数不多,若采用项数计算科技成果转化率可能会带来较大的偏差,因此考虑采用金额。经计算,近年来黄科院的科技成果转化率为 30. 80%。更多关于黄科院水利科技推广转化发展现状的相关信息见附录 1。

2. 4　水利科技推广转化的现状水平分析

2. 4. 1　科技成果推广转化政策基本得到落实

水利部深入贯彻落实《中华人民共和国促进科技成果转化法》《实施〈中华人民共和国促进科技成果转化法〉若干规定》《促进科技成果转移转化行动方案》等相关法规,结合水利行业实际,编制完成并出台了《水利部关于实施创新驱动发展战略加强水利科技创新若干意见》。为进一步深化落实科技成果推广转化工作,出台了《水利部关于促进科技成果转化的指导意见》,在激发推广转化活力、促进有效转化、信息公开与共享、加强保障措施等方面提出了政策措施。为推动水利科研成果与生产实践需要相衔接,强化水利科技成果推广应用,加强水利技术示范项目管理,2019 年出台了《关于加强水利技术示范项目管理的通知》,要求示范项目组织实施应以“节水优先、空间均衡、系统治理、两手发力”治水思路为指导，按照“水利工程补短板、水利行业强监管”总基调要求，面向生产实践，突出问题导向，强化顶层设计，有序组织开展。示范项目分为示范园区建设、先进实用技术示范、技术推介和组织管理四类，重点支持先进适用水利科技成果的示范和推广。

部推广中心出台了《水利部科技推广中心地方推广工作站管理办法》《水利先进实用技术重点推广指导目录管理办法》《水利部科技推广中心科技推广示范基地管理办法》《水利先进实用技术“优秀示范工程”管理办法》《水利先进实用技术评价管理办法(暂行)》等。

部属科研单位为有效落实相关政策，制定了科技成果推广转化的实施细则，中国水利水电科学研究院(简称中国水科院)出台了《科技成果管理实施细则》《科技项目立项和科研合同管理实施细则》《科技项目验收结题实施细则》；水利部·交通运输部·国家能源局南京水利科学研究院(简称南科院)印发了《中央财政科研项目资金管理办法》《科研项目结余资金管理办法》《科研项目间接费用管理办法》，积极发挥自有资金配套科研津贴政策以及科研项目间接费对科技推广转化的激励作用；黄科院制定了《黄河水利科学研究院科研成果推广转化示范基金管理办法(试行)》《黄科院促进科技成果转化实施细则(修订)》；长江水利委员会长江科学院(简称长科院)制定了《长江科学院科技成果转化管理办法(试行)》；珠科院编制了《科技创新和科技推广奖励办法(试行)》《促进科技成果转化和收益分配管理办法(试行)》；水利部机电研究所制定了《科技成果商业化考核办法》等。

部分流域机构、省厅相关单位也研究制定了相关实施细则，有效地促进了科技推广工作。例如：山东黄河河务局编制印发了《山东黄河河务局科技成果推广应用指导意见》，黑龙江省水利厅起草完成了《关于推进水利科技创新实施意见》，江苏省水利厅制定了《关于加强水利科技创新的工作意见》等，在制度建设方面，加强科技成果推广相关政策落实。更多关于国家、省部和地市出台水利科技成果转化政策的分析结果见附录2。

2.4.2　科技推广组织体系建设有所突破

近年来，水利科技推广工作组织体系建设有所突破，自上而下的水利科技推广工作组织机制已初步形成。水利行业科技推广工作由部国际合作与科技司归口管理，负责指导水利技术推广工作。部推广中心负责水利科技推广有关政策、规划的编制工作；组织科技推广与奖励工作；承办科技咨询、技术服务和项目评估工作。

七大流域机构的科技推广工作由其科技局(处)负责，其中黄河水利委员会于2006年设立黄河水利委员会科技推广中心。

各地方省厅水利科技推广工作由其科技主管部门归口管理。目前，浙江、河北、河南、新疆4省(区)设立了省级水利科技推广专设机构；广东、吉林、河南、山东、江西、四川、湖北、贵州等8省的水利科技(技术)推广中心(总站)挂靠在水利厅的直属机构；部推广中心为弥补水利科技推广体系建设不足，联合当地水利厅(局)依托科研单位在黑龙江、辽宁、河北、福建、江苏、天津、山东、安徽、云南、青海、宁夏、山西、陕西、海南、青岛等15个省(区、市)设立了地方推广工作站。与科技部共同推进节水型社会创新试点建设，北京房山、山东威海、浙江金华和宁夏中卫4个试点城市的技术示范工作稳步推进。

目前，全国已建成300余个农业节水示范地区、49个部级水土保持科技示范园和140余个科技推广示范基地(园区)，水利科技推广与技术服务体系基本建立。

2.4.3　推广转化激励机制不断完善

为充分调动水利科技成果转化与推广应用积极性，水利部进一步完善激励机制,积极推动大禹水利科学技术奖对技术推广类成果予以奖励;专门在部级重点实验室和工程技术研究中心评估指标中增加科技成果推广转化要求的赋分权重。

部属科研机构以突出创新为导向,不断完善科技成果推广转化的激励、奖励机制,激发科研人员成果转化积极性和创造性。中国水科院制定颁布《科技成果管理实施细则》《科技创新激励管理实施细则》,规定科研项目在完成成果转化任务后,部门对该项科技成果转化所得净收入享有100%支配权;黄科院修订了《黄科院科学技术进步奖励规定》和《重大项目申报与成果奖惩规定》,逐步提高科技成果奖励标准,通过制定《黄科院横向委托项目奖励办法》,有效提高了科研人员从事技术咨询服务项目的积极性和主动性;南科院给予项目承担部门和项目团队充分自主权,并规定项目净收入按一定比例提成用于奖励津贴;长科院规定将科技成果转化净收入的80%用来奖励成果完成人和为成果转化做出主要贡献的科研人员;南京水利水文自动化研究所制定了《软实力奖励标准和奖励实施细则》《科技人才住房周转金使用管理办法》等,对成果在实现产业化过程中的研发人员按照贡献比例给予奖励。

2.4.4　科技推广资金投入相对稳定

目前,中央水利科技推广投入——水利技术示范项目,财政资金年约4 000万元。主要用于支持水利科技推广体系建设、水利先进技术试验示范和水利新技术评价、培训、宣传及推介交流等工作,并取得了初步的成效。

部属科研单位中,中国水科院设立科技成果推广转化专项,用于支持成果推广转化的后继试验、开发、应用、推广直至形成新产品、新工艺、新材料,发展新产业等,2017年立项成果推广转化金项目30个,共投入1 565万元;长科院于2013年设立“研发与转化基金”,用于资助技术比较成熟、具有市场潜力,但需要继续进行中试放大、技术推广、开发成熟产品和生产工艺的应用性项目,先后分 4 批,共资助项目 40 余项,项目总金额近 3 000 万元;黄科院通过设立推广转化基金,加大对科技成果推广转化示范的支持力度。

2.4.5　水利科技推广手段日趋丰富

水利部建立了水利科技成果信息服务平台,通过开展技术交流、培训、展览展示和推介活动,利用报刊、网络等形式,加强科技成果宣传力度。通过多种途径,不断推进水利科技成果推广转化,水利科技推广模式不断创新,推广手段日趋丰富,推广效益不断显现。

水利部连续成功举办 16 届国际先进水利技术(产品)推介会;部推广中心组织系列技术推广会和培训会,年举办省级技术推介会近 20 场次、新技术培训近 30 场次,培训技术人员近 5 000 人次;评审发布《水利先进实用技术推广指导目录》,发放《水利先进实用技术推广证书》;开通“微信公众号”,年推送新技术信息近百条。采取面上推介培训、点上示范指导等方式,胶结颗粒料筑坝技术等 800 余项先进实用的水利科技成果得到推广转化,在防灾减灾、水资源节约与保护等各个领域发挥了重要作用。

各地各单位积极采用技术推广会、培训班、对接交流会等形式加大新技术推广应用力度。通过创新的模式、丰富的手段,使水利实用技术信息不断向水利工程、水利基层推送,推动一大批先进适用技术在水利工程建设中得到实际应用。

南科院院属科技企业根据科技成果转化需要,成立了众创中心,通过引导多项科技成果转化,有效促进了“产、学、研、用”的深度融合。黄科院依托黄河水利委员会科技推广中心,先后在黄河流域设立多个推广示范基地,选取先进适用技术进行推广应用。

陕西省通过报纸、网络、杨凌“农高会”等平台，全方位加强水利科技宣传和技术推广工作，营造了良好的创新氛围。

2.4.6 水利科技推广转化效益日渐提高

近年来，水利科技成果转化水平稳步提升，推广转化效益也日渐提高。据统计，2017 年水利行业推广先进实用先进技术 85 项，2018 年增长为 115 项，2019 年进一步增长为 121 项。从水利科技产业化来说，提升速度较快，其中 2017 年实现产业化 30 项，形成产值 3.61 亿元；2018 年实现产业化 66 项，形成产值 7.32 亿元，近乎是 2017 年的 2 倍；至 2019 年则实现产业化 126 项，形成产值 9.82 亿元，近乎是 2017 年的 3~4 倍，详见表 2-3。

表 2-3 水利科技示范推广与转化效益

年份	示范推广/项		产业化	
	新增示范项目	推广先进实用技术	项数	产值/亿元
2017	144	85	30	3.61
2018	95	115	66	7.32
2019	128	121	126	9.82

2.5 水利科技推广转化存在的主要问题

2.5.1 水利科技推广转化体系尚未完善

国家高度重视科技成果推广转化，中央和地方相继出台一系列政策法规，但由于相关实施细则、配套政策不足以及管理体制机制不完善等原因，部分流域机构、科研机构和省份未能很好地贯彻落实国家相关政策，各流域机构、科研单位和省份之间在科技成果转化取得成效方面差距显著，多数机构和省份在制定相关管理办法、实施细则等相关措施方面尚未起步，发挥市场作用不足，政策红利尚未得到充分释放。

目前，多数流域、省级水利科技推广机构尚不健全，大部分流域机构与省级水利科技推广部门仅为临时机构，或尚未建立专门的科技推广部门，甚至无编、无员、无法运转，严重缺乏组织、资金、人才等保障条件。已有推广机构职能发挥不充分，市县级基层水利科技推广体系基本上处于缺失状态。

2.5.2　水利科技成果转化模式低效

目前，国内高校、院所科技成果转化大致有三种模式，分别是自办企业模式、合作转化模式和技术转移模式。其中，自办企业模式是依托高校自身的科技、人才和设备等条件入股创办科技企业并自主孵化科技成果的一种模式。而这种模式往往合作规模较小、涉及的技术简单，导致具有较强前瞻性的高校科技成果由于无法转移转化而闲置。加之在这种模式下没有遵循市场规律，大多照搬高校的管理模式，与现代企业管理方法脱节，造成市场竞争力不足，科技成果应用难以实现。

合作转化模式是高校将技术直接转让给企业，或者企业将适合的高校科技成果产业化的一种模式，相比自办企业模式，该模式对高校和企业的规模条件没有严格的要求，因而这种模式应用得较为广泛。但由于没有发挥市场在研发方向、成果选择、技术路线等方面的导向作用，高校科技成果与中试、量产等生产环境的差距较大，风险资金难以投入中试和量产等耗资较大的中间环节，导致科技成果难以达到有效产业化。在这种模式下，产、学、研三者的利益脱节，没有构成闭合回路，无法形成良性循环的长效机制，使得高校科技成果转化为现实生产力的能力有限。

技术转移模式是通过技术转移机构，实现高校科学技术孵化产业化的一种模式,有大学科技园、校企联合研发中心和国家工程中心等多种形式。在这种模式下,技术转移机构多为事业单位或国企,他们为需要技术转移的团队提供办公场地、配套设施和一系列的相关服务,依托当地的区位和政策优势,以及高校的科技和人才优势,推动高校科技成果的转化。但由于这种模式目前发展并不成熟、产权关系更为复杂,加之信息沟通不顺畅、体制机制缺乏创新,使得这种模式下,没有发挥市场的导向作用,高校科技成果转化依旧困难。

高校院所开展技术开发、技术咨询、技术服务和技术培训等技术活动,是科技成果转化的重要形式,在促进科技成果转化法若干意见中没有明确的界定,虽然在《实行以增加知识价值为导向分配政策的若干意见》中进行规定,但在执行中存在一定程度的困难。

2.5.3　水利科技推广转化激励机制尚不完善

对于科技成果转化实施,各部委出台相关指导意见,但是很多高校、院所在落实上没有形成自身实施科技成果转化系统的规定,市场化投入人力也较少,缺少市场开拓意识,科技成果推广转化积极性不高。一方面人才激励机制不健全,科技成果转化认同度不高,晋升考核主要是获奖、论文、论著、专利,在一定程度上制约了科技人员进行科技成果转化工作的积极性,没有激发出科研转化团队内生动力。另一方面,收益分配政策对科技成果转化重要贡献者的界定不清晰,辅助科技成果转化人员贡献没有从规章中给予保障。一项科技成果转化,不仅需要一个转化团队,也有很多外围事务需要科研管理人员去完成,这部分人员往往没有得到应有的利益。再者,高新技术企业对科技人员也是以承担的科研项目、专利、论文数量和获奖成果作为衡量考核标准,而不是依据科技成果能否产业化、产业化所能带来的经济效益。

2.5.4　水利科技成果转化水平总体较低

在流域机构、部属科研单位、部分水利厅等科技管理部门普遍存在公益性水利科技成果转化难、水利科技成果转化认定难、公益性水利科技成果价值评估难等问题。据统计,2017 年,水利全口径获得各项专利授权 3 867 项(部属单位 714 项、地方单位 579 项、共建高校 2 574 项),实现专利转让的 44 项,仅占 1.14%;部属科研机构科技成果推广转化以转让、许可、作价等形式进行的科技成果转化合同收入不足总合同收入的 1%。2018 年,水利全口径统计获得专利授权共 3 047 项(部属单位 930 项、地方单位 625 项、共建高校 1 492 项),实现专利转让的有 34 项,仅占 1.12%;各科研机构科技成果推广转化合同收入不足科技服务总合同收入的 1%。

此外,目前“重研发、轻应用,重成果、轻推广”观念仍不同程度地存在,“名誉专利”“名誉论著”等现象普遍,科技原创不足,开发的成果难以满足实际需求,不少水利科技项目在完成研究报告、论文发表、通过成果验收鉴定后便束之高阁。

2.5.5　水利科技推广转化财政经费投入不足

水利行业的公益性属性决定了绝大多数水利科技成果难以直接面向市场推广转化,水利科技转化推广必须以政府资金投入为主导。水利科技推广资金投入不足严重制约成果转化的水平和推广力度,是制约水利科技推广工作深入开展、促进成果推广转化的主要因素。

近年来,水利行业与农业、林业等行业在科技成果推广投入方面的差距依然存在,农业科技推广经费每年约 7 亿元、林业科技推广每年约 2 亿元,而国家财政用于扶持水利技术示范推广的专项资金每年约 4 000 万元的规模,且有进一步减少的趋势;各省水利厅相关单位通过年度财政预算申请到的涉及水利科技推广的经费规模在几十万元到几百万元不等，经费总规模有限。另外，由于水利科技成果的公益性属性，从金融机构、社会资本等市场化渠道获得资金支持的成果转化推广扶持的能力较弱，也限制了水利科技成果的转化推广。

2.5.6　水利科技推广转化人才平台建设薄弱

水利科技成果转化推广工作具有政策性强、涉及面广、链条长等专业性、复合性特点，在一定程度上比成果研发更复杂、难度更大。水利科技成果的转化推广既需要政策支持引导，还需要较强的专业化复合型人才队伍、机构平台的共同努力。目前，多数省(区、市)和科研机构普遍存在水利科技推广组织机构缺失、人员配备不足、专业技术人才缺乏、中高级职称技术人员占比较低、专业知识与新技术培训缺失等问题，导致水利科技推广工作无落脚点，信息传递、工作部署不畅等。因此，在建设具有技术、市场、法律、金融等综合服务能力的人才队伍及平台方面亟待加强提高。

2.5.7　水利科技推广转化信息流通不畅

水利科技成果拥有单位、需求企业或其他社会组织是一个个单一体，因此科技信息沟通渠道尤为重要，虽然进入互联网时代，但是由于行业条条管理模式，科技信息流通不畅。一方面，产学研信息沟通不畅，高校、院所在本系统领域通常可以及时沟通信息，但对社会上的企业科技成果需求缺乏了解，不能适应企业发展的需要，科技成果得不到及时的转化；另一方面，水利科技成果多源自政府科技项目，而在项目立项过程中企业的话语权较小，导致产出的科技成果难以匹配市场需求；三是，科技成果转化投融资渠道上也不顺畅，企业对科技成果转化后续试验、开发、应用、推广、销售等需要漫长的过程才能产生效益，先期资金投入是很大的，这就需要一个有效的融资平台，目前，企业很难找到合适的资金来源来支撑科技成果的产业化。

2.5.8　水利科技推广转化中介服务体系尚不健全

《中华人民共和国促进科技成果转化法》要求建立培育科技成果转化中介服务体系，建立技术交易市场，才能有效推进科技成果转化工作，科技中介是解决高校、院所科技成果转化不力、不顺、不畅的关键主体，当前，一是各行业没有建立系统的科技中介服务体系，更没有形成协同网络。既有的技术咨询和评估机构服务水平也较低，对于科技风险投资咨询、科技成果评估、技术定价等方面能力不足，无法为成果使用单位提供高质量的咨询服务，导致成果鉴定、评估质量不高，交易双方对成果的实际价值心存疑虑，不利于交易达成。二是科技风险防控体系缺乏，具有风险管理和技术监测能力的服务机构不多，而技术研发周期长、成本大，经济效益实现缓慢，加之过程中的技术风险、市场风险、资金风险、交易风险等风险因素，致使企业难以吸引相应的资金支持。三是，科技成果成熟度较低，高校、院所研发的科技成果中很多是处于小试阶段的成果，若将这些科技成果变为产业化，还要实施中试、孵化等环节，这样才能使科技成果的成熟度得到有效提升。很多高校、院所并没有中试所具备的条件和平台，企业就很难确定成熟度不足的成果实际产出的效能，更不想为此而冒风险。四是中介服务人员专业化和国际化水平不高，高素质技术经纪人极其匮乏，中介机构技术市场助推能力难以显现。

第3章 水利科技推广转化面临的形势和挑战

3.1 新时代中国特色水利现代化建设

2014年3月14日,习近平总书记在中央财经领导小组第五次会议上就保障水安全发表重要讲话,站在党和国家事业发展全局的战略高度,精辟论述了治水对民族发展和国家兴盛的重要意义,准确把握了当前水安全新老问题相互交织的严峻形势,深刻回答了我国水治理中的重大理论和现实问题,提出"节水优先、空间均衡、系统治理、两手发力"新时代治水思路,具有鲜明的时代特征,具有很强的思想性、理论性和实践性,是做好水利工作的科学指南和根本遵循。

习近平总书记治水重要讲话为我们明示了一个重要的工作方法,指明了水利改革发展的方向,明确了今后一个时期水利工作的重点。亟须坚持以问题为导向的工作方法。深刻认识新时代、新条件、新要求下水利工作面临的严峻挑战,认识到当前我们面临的水问题比历史上任何时候都更严重,认识到治水的主要矛盾已经发生重大变化,要及时转变思路,改变工作方式,从改变自然、征服自然转向调整人的行为、纠正人的错误行为;亟须准确把握水利改革发展的方向。要把握住"一个前提",就是要把节约用水作为水资源开发、利用、保护、配置、调度的前提。要处理好"三个关系",就是处理好水与经济社会发展的关系,真正落实以水定需的要求;处理好水与生态系统中其他要素的关系,在治水中树立全局思想,统筹考虑治山、治林、治田、治湖、治草；处理好在解决水问题上政府与市场的关系，政府要牢牢掌控水资源，既不能缺位，更不能手软，同时要通过价格杠杆，发挥市场作用；亟须把握今后一个时期的水利工作重点。要把习近平总书记提出的十个需要深入研究的重大问题和重大方案（通盘考虑重大水利工程建设、把节水纳入严重缺水地区的政绩考核、把天保工程范围扩大到全国、实施湖泊湿地保护修复工程、遏制住全国地下水污染加剧状况、修复华北平原地下水超采及地面沉降、更多运用成熟适用技术、加快研究提出税收和价格改革的可行方案、完善水治理体制、做好跨界河流开发和保护）作为今后一个时期的水利工作重点，通盘考虑，深入研究，科学谋划。

3.2　国家创新驱动发展战略

科技实力是衡量现代化程度的重要标志，向现代化强国迈进的征程中必须打牢科技基础。党中央明确提出建设创新型国家的战略目标，即到2020年进入创新型国家行列，到2035年跻身创新型国家前列，到2050年成为世界科技强国。

科技成果转化作为实施创新驱动发展战略的核心要素，在科技进步和经济发展之间起着重要的桥梁作用。2015年10月《中华人民共和国促进科技成果转化法》的颁布，标志着我国科技成果转化进入新阶段，成为把握新科技革命与产业变革重大机遇、加快迈向创新型国家和世界科技强国的战略抓手。

当前正处于我国转变经济发展方式的历史性交汇期，亟待认真落实党中央战略部署，进一步找准水利科技推广转化在新科技革命与产业变革重大机遇、加快迈向创新型国家和世界科技强国中的定位与作用，明确水利科技推广转化的总体目标和阶段安排，使水利科技成果转化为生产力，更好地服务于经济社会发展，加快产业的转型升级,实现经济高质量发展。

3.3　水利改革发展总基调

中国特色社会主义进入新时代,党中央、国务院高度重视水利工作,就水利改革发展做出了一系列重大决策部署,为水利工作赋予了新内涵、新任务。水利部原部长鄂竟平指出,当前和今后一个时期水利改革发展的总基调是水利工程补短板、水利行业强监管,为新时代水利改革发展明确了工作重点,指明了前进方向。

鄂竟平就深入贯彻落实习近平总书记治水重要讲话精神、推动新时代水利改革发展提出明确要求。一要搞清楚"是什么",把习近平总书记提出的"十六字"治水思路具体化,准确把握实践要求,在节水优先、以水定需、生态水量、政府与市场等方面提出可量化的指标;二要搞清楚"差什么",比照"十六字"治水思路查找差距,既要查找哪些方面没有制定标准,也要查找哪些标准没有实现;三要搞清楚"为什么",要针对查找到的问题,从思想认识、顶层设计、体制机制、执行能力等方面分析产生问题的原因;四要搞清楚"抓什么",就是要提出解决问题和缩短差距的办法、措施,近期要实施好国家节水行动、华北地下水超采治理、河湖专项整治行动等关键措施;五要搞清楚"靠什么",综合采取法制、体制、机制等手段,加强水利督查体系建设,依靠落实责任、失责必问、问责必严,推动各项工作落地生效。

积极践行水利改革发展总基调,一方面,迫切需要思考如何在水利改革发展中发挥好科技推广转化支撑保障作用;另一方面,要全面梳理水利科技推广转化工作自身的短板以及监管的不足。要针对当前水利科技推广转化工作的薄弱环节,找准定位,明确重点,采取切实有效措施,加快先进适用水利科技成果的推广应用,为"补短板""强监管"提供有力的支撑和保障。

3.4　水利科技工作重心调整

水利科技成果转化是水利科技创新的根本,其重要性日渐凸显。水利部陆续出台的一系列政策为水利科技成果转化提供政策支持,近期发布的《水利科技推广工作三年行动计划(2020—2022年)》明确指出,到 2022 年基本形成各方共同参与、协力推进的水利科技推广工作格局。加快推动水利科技推广转化工作面临着重大机遇,也面临着艰巨挑战。受经费、人员、投入和体制机制等的限制,水利科技成果转化与推广水平低于国内其他行业,仍然是水利科技创新的薄弱环节。迫切需要在水利科技创新整体布局下,统筹顶层设计,科学谋划水利科技推广转化中长期战略布局和发展思路,加快完善机制体制,进一步强化水利科技推广转化工作,推动构建与社会主义现代化进程相适应的水安全保障体系,实现水利行业技术水平的提升,更好地支撑和保障国家水治理体系和能力现代化。

3.5　人民群众对水资源、水生态、水环境的需求

“十四五”时期是我国由全面建成小康社会向基本实现社会主义现代化迈进的关键时期,是积极应对国内社会主要矛盾转变和国际经济政治格局深刻变化的战略机遇期,也是加快推进生态文明建设和经济高质量发展的攻坚期。以习近平总书记为核心的党中央高度重视生态文明建设,提出“绿水青山就是金山银山”(“两山”理论)等一系列创新理论,形成了习近平生态文明思想。2017 年 10 月 18 日,习近平总书记在十九大报告中强调,中国特色社会主义进入新时代,我国社会主要矛盾已经转化为人民日益增长的美好生活需要和不平衡、不充分发展之间的矛盾。对于水

利工作，习近平总书记分别在推动长江经济带发展座谈会及黄河流域生态保护和高质量发展座谈会上发表重要讲话，提出“让黄河成为造福人民的幸福河”“把修复长江生态环境摆在压倒性位置，共抓大保护，不搞大开发，探索出一条生态优先、绿色发展的新路子”。

水利科技成果转化是科技创新促进水资源、水生态、水环境改善的中间环节，发挥着桥梁和纽带作用。当前新形势下，迫切需要系统开展水利科技推广转化战略研究，进一步强化水利科技推广转化工作，加快推进水资源节约集约利用、水生态修复、水环境治理等重点领域科技成果的转化应用，实现水利科技支撑保障作用的提升，更好地满足人民群众对水资源、水生态、水环境的需求。

第4章　水利科技推广转化发展前景预测

4.1　水利科技成果转化的影响因素研究

4.1.1　科技成果转化影响因素研究概述

影响科技成果转化的因素是多方面的,在对水利科技推广转化相关概念、现状水平、形势与挑战等进行调查研究的基础上,结合水利行业工作实际,梳理影响水利科技成果转化的主要因素,建立水利科技成果转化影响指标体系并进行各指标重要性分析,以期为水利科技成果转化的体制机制改革和支撑条件建设提供依据。

通过研读相关文献发现,国内外不同专家在分析成果转化的影响因素时考虑的角度各有不同,各角度间的侧重点也有差异。其中,马治海认为影响我国科技成果转化的因素包括:①科技成果转化主体驱动力不足;②科技成果转化的市场导向不明;③科技成果技术成熟度较低,成果相关信息不对称;④缺乏科技成果转化的平台与人员等。吕耀平等分析了我国科技成果转化中存在的主要障碍,包括:①科技成果转化的信息严重不对称;②科技成果转化机制不完善;③科技成果转化支撑体系不健全等。杨希越研究影响我国科技成果转化的因素并归纳为政府因素、科研主体因素、企业因素、技术市场因素等。郭强等认为科技成果特性、转化意愿、传授能力、关系信任、吸收能力、转化能力等内部因素和科技中介服务能力、政策与制度促进、社会文化塑造等外部因素是影响高校科技成果转化的关键因素。

Hewitt-Dundas 采用 K-均值聚类分析方法对英国高等教育企业和社区的年度调查数据进行分析,并表明政府政策对大学—企业间知识、技术转移活动具有显著的影响作用。饶凯等运用面板数据回归模型进行分析,认为地方高校和当地企业的科技经费投入对大学专利技术转移活动的促进作用要比政府科技经费投入的作用明显。Hsu 等以中国台湾地区高校为研究对象,采用了模糊德尔菲法、描述性结构模型(SM)和网络分析法(ANP)等识别出驱动高校技术转移绩效的关键要素,包括员工质量、技术转移办公室规模和经验、产业基金、激励政策等。Günsel 采用最小二乘法结构方程模型对土耳其 33 家中小型企业填写的 105 份有效问卷进行研究,并表明显性知识共享是技术转移的基础,而隐性知识共享对技术转移的影响并不显著。姚思宇等通过构建一手资料的 Ordered Logit 模型发现高校科技成果转化的关键因素是科技成果中试阶段的经费投入、知识产权归属、教师评价机制和科技中介机构的转化服务能力等。

从以上学者的研究中发现,国内外专家学者认为影响科技成果转化的因素是多方面的,但总体来看,经济发展政策、科技人员素质、成果质量、转化机制、中介服务以及市场供需、经费投入等是影响科技成果转化的重要因素,也是我国科技成果转化的共性影响因素。本书将进一步结合我国水利科技推广转化的现状水平、存在问题、形势与挑战等实际情况,研究分析我国水利科技成果转化的影响因素并建立指标体系。

4.1.2　水利科技成果转化影响因素指标体系构建

4.1.2.1　影响因素指标体系确定的原则

1. 指标设计的“SMART”原则

“SMART”原则是国际上通用的指标选取原则,共包括以下五个具体的原则：

(1)具体性原则(Specific)。是指所选指标应当是具体的、明确的，而不是模棱两可的、抽象的。

(2)可测性原则(Measurable)。是指所选指标应是可衡量的、可评估的，能够形成数量指标或行为强度指标，而不是泛泛的、主观的。

(3)可实现性原则(Attainable)。是指所选指标应当是合适的、恰当的，而不是过高或过低的。

(4)相关性原则(Relevant)。是指所选指标应当是与水利科技成果推广转化活动的贡献和成效密切相关，并能为管理部门提供有用信息。

(5)时限性原则(Time-bound)。是指所选指标应具有时限性，而不是模糊的时间概念或根本不考虑时间问题。

2. 水利科技成果评价指标体系设计原则

除要遵循"SMART"原则外，水利科技成果评价指标体系设计还应强调以下原则：

(1)系统性原则。设计的指标体系应该是全面的，能够充分反映水利科技成果的系统性特征。同时，并不是各个指标的简单堆积，而是根据各层次、各评估要素之间的相互关系，建立逻辑严密、层次分明的指标体系。

(2)可操作性原则。设计的指标体系应具有可行性，通过文献查阅、问卷调查、现场访谈等方式可获得指标数据资料，结合水利科技成果转化实际情况选取合适的指标总量，合理控制指标的规模，避免形成过于繁杂的指标群。

(3)可比性原则。各层级指标间应具有可比性，类别相同、含义明确、统计口径与适用范围一致，确保评估结果能够进行横向与纵向的比较。各指标水平的高低一般是在同一类型同一层级的指标之间进行比较。

(4)有效性原则。设计的指标体系必须与待研究的水利科技成果转化相关内涵相符合,能够真正反映影响成果转化的因素的本质或主要特征。也可以通过内容效度、预测效度、聚合效度等进行评估指标有效性的检验。

4.1.2.2　主要影响因素的确定

1.影响因素体系拟定的基本依据

(1)收集国内外文献资料,在分析前人研究成果的基础上汇总常见的影响因素。

(2)遵循科技成果转化的一般规律,依据有关法律法规,分析行业特点,研读相关工作报告,梳理归纳水利科技成果转化影响因素,形成初选指标体系。

(3)结合本书研究的目的与意义,在与相关专家进行深度访谈的基础上,结合专家问卷调查,建立水利科技成果转化影响因素体系。

2.影响水利科技成果转化的主要因素分析

结合水利科技成果转化现状,在文献调研、专家访谈、问卷调查的基础上,主要考虑政策、人才、成果、资金等几个方面的因素,初拟水利科技成果转化影响因素,见表4-1。

表4-1　水利科技成果转化影响因素体系(初选)

一级因素	二级因素			
政策因素 A_1	科技体制 A_{11}	政策导向 A_{12}	转化机制 A_{13}	科研管理 A_{14}
人才因素 A_2	企业人才 A_{21}	科研人才 A_{22}	信息人才 A_{23}	中介人才 A_{24}
成果因素 A_3	成果成熟度 A_{31}	成果原创性 A_{32}	市场需求度 A_{33}	成果应用性 A_{34}
资金因素 A_4	研发资金 A_{41}	转化资金 A_{42}	风险投资 A_{43}	激励资金 A_{44}

4.1.2.3　指标体系的构建

借鉴水利科技成果评价体系的构建思路,通过专家访谈与问卷调查,经过两轮专家调查分析,构建了水利科技成果转化影响因素指标体系。根据调查表中各位专家的权重系数赋值,应用层次分析法(The Analysis Hierarchy Process,AHP)建立数学模型,计算出各层级因素在整个指标体系中的权重,分析出各级因素影响成果转化的作用大小。具体工作步骤如下:

(1)专家访谈与问卷调查。设计两套调查问卷,分别用于第一轮调查和第二轮调查中。根据研究需要,从水利行业主管部门、水利科研院所、涉水企业单位、中介公司等单位中遴选邀请了57位(人次)专家进行问卷调查与个别访谈(第一轮25人、第二轮32人)。

(2)确定指标体系。通过第一轮调查分析,初步拟定影响因素指标并进行专家调查的可靠性分析;通过第二轮调查分析,基本确定影响因素指标体系并获得权重计算的赋值数据。

(3)确定指标权重。通过各相应权重系数来反映各级因素对成果转化影响作用的大小。因此,权重系数的赋值是计算的基础,是影响因素评价的关键。常用的计算权重的方法有专家咨询法、对比排序定权法、层次分析定权法、相邻指标比较法、特征向量法等。本书采用层次分析法(AHP)计算各影响因素的权重系数,计算流程见图4-1。

4.1.2.4　专家咨询与结果分析

1.第一轮专家咨询

从水利行业主管部门、水利科研院所、涉水企业单位、中介公司等相关单位中遴选了25位专家进行通信(邮箱、微信)访谈与问卷调查,共发出问卷25份,收回20份,回收率80%(一般认为回收率在70%以上表明专家积极性较高)。参与问卷调查的专家中,水利行业行政主管部门专家8人,占40%,水利科研院所专家8人,占40%,涉水企业人员4人,占20%;正高职称11人,占55%,副高职称9人,占45%;对所调查问题很熟悉的有4人,占

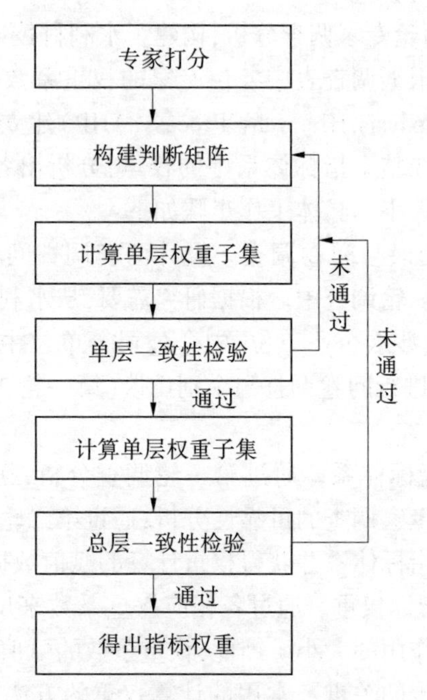

图 4-1　层次分析法计算流程

20%，熟悉的 8 人，占 40%，了解的 8 人，占 40%。

1）一级影响因素调查情况分析

参与问卷调查的专家对影响因素指标体系中一级指标的同意率为 100%。

2）二级影响因素调查情况分析

对一级因素中“政策因素”“成果因素”下的二级因素，20 位专家均表示赞同，同意率为 100%；“人才因素”下的二级因素，有 4 位专家认为“企业人才”应该为“管理人才”，“科研人才”应改为“研发人才”，3 位专家认为“信息人才”不妥，其中 1 位专家认为应将其改为“复合人才”，经课题组分析，拟采用以上专家的建议；一级因素“资金因素”下的二级因素，有 1 位专家认为“激励资金”

建议改为"激励投资",考虑到这两者的意思大致相同,且易与"风险投资"混淆,故延用"激励资金"。

3)专家咨询的可靠性分析

专家咨询的可靠性可以由专家权威系数(C_a)来衡量。C_a 值越大,专家意见越有价值,结果越可靠。一般认为,专家权威系数 $C_a \geqslant 0.70$ 为可接受信度。C_a 值是由两个因素决定的:一个是专家水平及其对方案做出判断的依据,用判断系数 C_i 表示;另一个是专家对问题的熟悉程度,用熟悉程度系数 C_s 表示。其专家权威系数为 C_i 与 C_s 的算数平均值,即 $C_a=(C_i+C_s)/2$。

调查问卷中提供了五个方面的问题,判断依据对专家判断的影响因素见表4-2。

表4-2　判断依据对专家判断的影响因素

判断依据	对专家判断的影响程度		
	大	中	小
理论分析	0.25	0.20	0.10
实践经验	0.45	0.35	0.20
参考国外文献	0.10	0.05	0.05
参考国内文献	0.15	0.10	0.05
直观感觉	0.05	0.05	0.05
合计	1.00	0.75	0.45

此专家判断依据的评分标准是根据 $C_i=1$ 对专家意见影响程度最大,$C_i=0.75$ 影响居中,$C_i=0.45$ 影响最小的原则。计算全部专家自评总和的算术平均数,见表4-3。

表4-3　专家判断依据自评结果

分值	0.75	0.8	0.85	0.9	1
人数	2	1	3	7	7

$$C_i = \sum \frac{M_i W_i}{M} = \frac{0.75 \times 2 + 0.8 \times 1 + 0.85 \times 3 + 0.9 \times 7 + 1 \times 7}{20}$$

$$= 0.908$$

式中：W_i 为每个分值；M_i 为对应每个分值的参评专家人数；M 为全部专家数。

专家对各类因素的熟悉程度的分值标准及专家对问题的熟悉程度系数自评结果见表4-4、表4-5。

表4-4　专家对各类因素的熟悉程度分值标准

熟悉程度				
熟悉(1)	较熟悉(0.8)	一般(0.5)	不太熟悉(0.2)	不了解(0)

表4-5　专家对问题的熟悉程度系数自评结果

分值	0.7	0.8	0.9	1
人数	2	2	5	11

$$C_s = \sum \frac{M_j W_j}{M} = \frac{0.7 \times 2 + 0.8 \times 2 + 0.9 \times 5 + 1 \times 11}{20} = 0.925$$

式中：W_j 为每个分值；M_j 为对应每个分值的参评专家人数；M 为全部专家数。

$$C_a = \frac{C_i + C_s}{2} = \frac{0.908 + 0.925}{2} = 0.917$$

由以上计算所得，总体权威系数为0.917，符合要求，从而有效地保证了指标的可靠性。经过第一轮专家访谈和问卷调查后，确定的影响因素指标体系见表4-6。

表 4-6　水利科技成果转化影响因素指标体系(确定)

一级因素	二级因素			
政策因素 A_1	科技体制 A_{11}	政策导向 A_{12}	转化机制 A_{13}	科研管理 A_{14}
人才因素 A_2	管理人才 A_{21}	研发人才 A_{22}	复合人才 A_{23}	中介人才 A_{24}
成果因素 A_3	成果成熟度 A_{31}	成果原创性 A_{32}	市场需求度 A_{33}	成果应用性 A_{34}
资金因素 A_4	研发资金 A_{41}	转化资金 A_{42}	风险投资 A_{43}	激励资金 A_{44}

2. 第二轮专家咨询

第二轮问卷调查,主要是请专家们对各级指标权重进行打分赋值,为计算各指标权重提供基础。根据第一轮专家的调查反馈情况,我们从第一轮原有专家的基础上进一步扩大调查对象的范围,分别从水利部国际合作与科技司、部推广中心、中国水科院、南科院、长科院、黄科院、珠科院、华北水利水电大学、河海大学、中国长江三峡集团有限公司、江苏水利设计院、江苏省水利建设工程有限公司等单位中邀请了 32 位专家进行问卷调查。共发出问卷 32 份,收回 26 份,回收率 81.25%。参与问卷调查的专家中,水利行业行政主管部门专家 6 人,占 23%,水利科研院所专家 8 人,占 31%,高校 4 人,占 15%,涉水企业人员 8 人,占 31%;正高职称 15 人,占 58%,副高职称 11 人,占 42%。

4.1.3　水利科技成果转化影响因素权重确定

影响水利科技成果转化的因素诸多,不同因素实际重要性、作用大小是不同的。本书研究中,各级影响因素对成果转化的作用大小是通过各相应权重系数来反映的,权重较大则说明该因素对水利科技成果转化的影响作用较大,反之则作用较小。第二轮问卷调查中,专家对各指标分别进行了赋值。在此基础上,利用 AHP 方法计算各影响因素的权重系数值,具体步骤如下。

4.1.3.1　一级影响因素权重系数值计算

1. 构造判断矩阵

根据问卷中填写的内容,经统计分析,按照下列公式构造判断矩阵。首先求样本均数:$\overline{X} = \frac{\sum x}{n}$,其中 $\sum x$ 为专家对某两个因素相比较的得分之和,n 为专家的个数。根据专家对每一层次各因素相对重要性给出判断用的数值,写成矩阵形式,如表 4-7 所示。

表 4-7　判断矩阵形式

A_k	A_1	A_2	…	A_N
A_1	A_{11}	A_{12}	…	A_{1N}
A_2	A_{21}	A_{22}	…	A_{2N}
⋮	⋮	⋮	⋮	⋮
A_N	A_{N1}	A_{N2}	…	A_{NN}

其中,矩阵 A_{ij} 表示针对上一层次某因素 A_k 而言,与 A 层中因素 A_k 有联系的下一层次中因素 $A_1, A_2, \cdots, A_n$ 之间的相对重要性,通常取 1,2,3,…,9 及它们的倒数,其标度含义见表 4-8。

表 4-8　目标各层次评分标准

标度	含义
1	表示因素 A_i 与 A_j 比较,具有同等重要性
3	表示因素 A_i 与 A_j 比较,A_i 比 A_j 稍微重要
5	表示因素 A_i 与 A_j 比较,A_i 比 A_j 明显重要
7	表示因素 A_i 与 A_j 比较,A_i 比 A_j 强烈重要
9	表示因素 A_i 与 A_j 比较,A_i 比 A_j 极端重要
2,4,6,8	分别表示相邻判断的中值
倒数	表示因素 A_i 与 A_j 比较的判断,则 A_i 与 A_j 比较的判断 $A_i = \frac{1}{A_j}$

因此,根据问卷调查的结果,对水利成果转化影响因素的一级因素构造如下判断矩阵,见表 4-9。

表 4-9　一级影响因素比较判断矩阵

A	政策因素 A_1	人才因素 A_2	成果因素 A_3	资金因素 A_4
政策因素 A_1	1	1/2	1/3	4
人才因素 A_2	2	1	1/3	3
成果因素 A_3	3	3	1	4
资金因素 A_4	1/4	1/3	1/4	1

2. *层次单排序*

根据判断矩阵用特征向量法做层次单排序,对于上一层某因素,本层次与之有联系的因素的重要性的排序过程。一般用对应的权向量 W 表示 n 个元素的排列次序。求权向量 W,可先求 n 个元素判断矩阵的最大特征根和对应的特征向量,然后将特征向量标准化,即得权向量。

首先求权向量:

(1)计算 A 的每一行元素之积:$M = \prod_{j=1}^{n} b_{ij}(i = 1,2,\cdots,n)$

分别计算每一行元素之积:

$$M_1 = 1 \times (1/2) \times (1/3) \times 4 = 2/3$$

$$M_2 = 2 \times 1 \times (1/3) \times 3 = 2$$

$$M_3 = 3 \times 3 \times 1 \times 4 = 36$$

$$M_4 = (1/4) \times (1/3) \times (1/4) \times 1 = 1/48$$

(2)计算各行 M_i 的 n 次方根:$\overline{W_i} = n\sqrt{m_i}\ (1,2,\cdots,n)$,分别计算每一行的 4 次方根:

$$\overline{W_1} = \sqrt[4]{\frac{2}{3}} = 0.903\ 6,$$

$$\overline{W_2}=\sqrt[4]{2}=1.189\ 2,$$

$$\overline{W_3}=\sqrt[4]{36}=2.449\ 5,$$

$$\overline{W_4}=\sqrt[4]{\frac{1}{48}}=0.379\ 9$$

(3)对向量 $W=(W_1,W_2,\cdots,W_m)$ 做标准化处理，$\mathrm{W}_i=\dfrac{\overline{w_i}}{\sum_{j=1}^{n}\overline{w_j}}$，令标准化后处理所得到特征向量为：$W=[W_1,W_2,\cdots,W_n]$，就是本层次元素 $A_1,A_2,\cdots,A_n$ 对于其隶属元素 A_k 的权向量。对向量做标准化处理：

$W_1=0.903\ 6/(0.903\ 6+1.189\ 2+2.449\ 5+0.379\ 9)=0.183\ 6$

$W_2=1.189\ 2/(0.903\ 6+1.189\ 2+2.449\ 5+0.379\ 9)=0.241\ 6$

$W_3=2.449\ 5/(0.903\ 6+1.189\ 2+2.449\ 5+0.379\ 9)=0.497\ 6$

$W_4=0.379\ 9/(0.903\ 6+1.189\ 2+2.449\ 5+0.379\ 9)=0.077\ 2$

通过计算得到一级影响因素的特征向量分别为 0.183 6、0.241 6、0.497 6、0.077 2，然后再求最大特征根 $\lambda_{\max}$。令 $\lambda_{\max}=\dfrac{1}{n}\sum_{j=1}^{n}\dfrac{(AW)_i}{W_i}$，其中 $(AW)_i=\sum_{j=1}^{n}W_i(1,2,\cdots,n)$，计算一级影响因素的最大特征根为：$\lambda_{\max}=4.210\ 4$。

3. 一致性检验

因为判断矩阵受诸多客观因素的影响，所以很难出现严格一致性的情况。计算得到最大特征值 $\lambda_{\max}$ 后，还需要对判断矩阵的一致性进行检验。本书中，定义 $\mathrm{CI}=\lambda_{\max}-n/(n-1)$，若 $\mathrm{CI}<0.1$，一般认为权重判断无逻辑性错误。采用 $\mathrm{CR}=\mathrm{CI}/\mathrm{RI}$ 计算随机一致性比率，其中 RI 为同阶平均随机一致性指标，RI 的取值见表 4-10，当 $\mathrm{CR}<0.1$ 时，则认为判断矩阵的一致性较为满意，否则就需要对判断矩阵进行调整后再计算。对于 1~9 阶判断矩阵，RI 值见表 4-10。

表4-10　1~9阶判断矩阵RI值

阶数	1	2	3	4	5	6	7	8	9
RI	0	0	0.58	0.9	1.12	1.24	1.32	1.41	1.45

首先计算一致性指数，一级影响指数的一致性指数为：CI=(4.210 4-4)/(4-1)=0.070 1。然后计算一致性比率，即CR=CI/RI=0.070 1/0.9=0.077 9。其中，CI值和CR值均小于0.1，表示该判断矩阵一致性较好，计算结果是可行的。因此，一级影响因素中政策因素、人才因素、成果因素、资金因素在水利科技成果转化中所占的比例取值为0.183 6、0.241 6、0.497 6、0.077 2。

4.1.3.2　二级影响因素权重系数值计算

按照上述步骤依次计算政策因素、人才因素、成果因素、资金因素对应的二级影响因素权重系数，计算结果如下。

(1)政策因素，见表4-11、表4-12。

表4-11　政策影响因素权重

A	科技体制A_{11}	政策导向A_{12}	转化机制A_{13}	科研管理A_{14}
科技体制A_{11}	1	3	1/2	4
政策导向A_{12}	1/3	1	1/9	2
转化机制A_{13}	2	9	1	8
科研管理A_{14}	1/4	1/2	1/8	1

表4-12　政策影响因素计算值

元素积M	M开方	权重W	向量乘积	乘积除数	最大特征根
6.000 0	1.565 1	0.265 1	1.063 0	4.010 3	4.062 0
0.074 1	0.521 7	0.088 4	0.361 7	4.093 2	
144.000 0	3.464 1	0.586 7	2.391 1	4.075 5	
0.015 6	0.353 6	0.059 9	0.243 7	4.069 2	

经计算，CI＝0.020 7，CR＝0.023 0，二者均小于0.1，结果可行。

（2）人才因素，见表4-13、表4-14。

表4-13　人才影响因素权重

A	管理人才 A_{21}	研发人才 A_{22}	复合人才 A_{23}	中介人才 A_{24}
管理人才 A_{21}	1	1/6	1/3	3
研发人才 A_{22}	6	1	2	12
复合人才 A_{23}	3	1/2	1	9
中介人才 A_{24}	1/3	1/12	1/9	1

表4-14　人才影响因素计算值

元素积 M	M 开方	权重 W	向量乘积	乘积除数	最大特征根
0.166 7	0.638 9	0.102 1	0.409 6	4.010 3	4.020 6
144.000 0	3.464 1	0.553 8	2.231 6	4.029 9	
13.500 0	1.916 8	0.306 4	1.228 8	4.010 3	
0.003 1	0.235 7	0.037 7	0.151 9	4.031 9	

经计算，CI＝0.006 9，CR＝0.007 6，二者均小于0.1，结果可行。

（3）成果因素，见表4-15、表4-16。

表4-15　成果影响因素权重

A	成果成熟度 A_{31}	成果原创性 A_{32}	市场需求度 A_{33}	成果应用性 A_{34}
成果成熟度 A_{31}	1	4	1/5	1/3
成果原创性 A_{32}	1/4	1	1/7	1/5
市场需求度 A_{33}	5	7	1	3
成果应用性 A_{34}	3	5	1/3	1

表 4-16 成果影响因素计算值

元素积 M	M 开方	权重 W	向量乘积	乘积除数	最大特征根
0. 266 7	0. 718 6	0. 125 9	0. 529 3	4. 202 8	4. 177 3
0. 007 1	0. 290 7	0. 051 0	0. 215 0	4. 219 7	
105. 000 0	3. 201 1	0. 561 0	2. 333 6	4. 159 6	
5. 000 0	1. 495 3	0. 262 1	1. 081 7	4. 127 3	

经计算,CI = 0. 059 1,CR = 0. 065 7,二者均小于 0. 1,结果可行。

(4)资金因素,见表 4-17、表 4-18。

表 4-17 资金影响因素权重

A	研发资金 A_{41}	转化资金 A_{42}	风险投资 A_{43}	激励资金 A_{44}
研发资金 A_{41}	1	2	3	6
转化资金 A_{42}	1/2	1	3/2	4
风险投资 A_{43}	1/3	2/3	1	2
激励资金 A_{44}	1/6	1/4	1/2	1

表 4-18 资金影响因素计算值

元素积 M	M 开方	权重 W	向量乘积	乘积除数	最大特征根
36. 000 0	2. 449 5	0. 493 7	1. 977 2	4. 005 2	4. 010 4
3. 000 0	1. 316 1	0. 265 2	1. 065 1	4. 015 9	
0. 444 4	0. 816 5	0. 164 6	0. 659 1	4. 005 2	
0. 020 8	0. 379 9	0. 076 6	0. 307 4	4. 015 2	

经计算,CI = 0. 003 5,CR = 0. 003 8,二者均小于 0. 1,结果可行。

4.1.3.3 总权重系数值计算

根据以上第一、第二层次单排序，权重相乘后计算所有层的总权重，从而得到总排序，即二级指标相对于总指标的权重向量，计算结果如表 4-19 所示。

表 4-19 水利科技成果转化影响因素总权重

一级因素	权重	二级因素	权重	组合权重
政策因素	0.183 6	科技体制 A_{11}	0.265 1	0.048 7
		政策导向 A_{12}	0.088 4	0.016 2
		转化机制 A_{13}	0.586 7	0.107 7
		科研管理 A_{14}	0.059 9	0.011 0
人才因素	0.241 6	管理人才 A_{21}	0.102 1	0.024 7
		研发人才 A_{22}	0.553 8	0.133 8
		复合人才 A_{23}	0.306 4	0.074 0
		中介人才 A_{24}	0.037 7	0.009 1
成果因素	0.497 6	成果成熟度 A_{31}	0.125 9	0.062 7
		成果原创性 A_{32}	0.051 0	0.025 4
		市场需求度 A_{33}	0.561 0	0.279 2
		成果应用性 A_{34}	0.262 1	0.130 4
资金因素	0.077 2	研发资金 A_{41}	0.493 7	0.038 1
		转化资金 A_{42}	0.265 2	0.020 5
		风险投资 A_{43}	0.164 6	0.012 7
		激励资金 A_{44}	0.076 6	0.005 9

计算总一致性指标 $CI=(0.183\,6\times0.020\,7+0.241\,6\times0.006\,9+0.497\,6\times0.059\,1+0.077\,2\times0.003\,5)=0.035\,1$，$CR=CI/RI=$

0. 035 1/0. 9= 0. 039 0。其中,CI 值和 CR 值均小于 0. 1,表示该判断矩阵一致性较好,计算结果是可行的。

4.1.4 水利科技成果转化影响因素结果分析

水利科技成果转化影响因素是一个复杂的、多层次的体系,各因素的重要性各不相同。本研究邀请了水利行业行政主管部门、科研院所、高校、设计院、建设单位等不同职业类别的专家进行问卷调查,问卷中影响因素体系的设计主要考虑根据当前成果转化现状,紧密围绕促进水利科技成果转化这一目标,从成果产出、转化、应用、管理等多个角度来分析研究;由专家根据其丰富的经验和行业认知筛选推荐影响因素,并对各因素重要性进行逐一判断和打分;根据专家的问卷反馈数据,结合层次分析法的原理,建立计算模型、构造判断矩阵,计算出各层级每个因素所占的综合权重,从而形成水利科技成果转化影响因素指标体系。

从计算结果分析到,各因素中对水利科技成果转化影响作用最大的是成果因素,其权重系数为 0. 497 6;其次是人才因素,权重系数为 0. 241 6;再次是政策因素和资金因素,权重系数分别为 0. 183 6、0. 077 2。二级因素组合权重系数值由大到小依次是:市场需求度、研发人才、成果应用性、转化机制、复合人才、成果成熟度、科技体制、研发资金、成果原创性、管理人才、转化资金、政策导向、风险投资、科研管理、中介人才、激励资金。其中,市场需求度、研发人才、成果应用性的组合权重值分别为 0. 279 2、0. 133 8、0. 130 4,是综合评价中最大的三个指标,说明了在水利科技成果转化中这三个因素最为重要。当前我国水利行业的科技成果数量确实不少,而成果是否符合市场需求、研发人才的市场敏锐性及对行业前沿热点科技问题的觉察力和研究力、研发成果的应用性等是在促进水利科技成果转移转化中应着重考虑的,同时配套的成果转化机制(组合权重 0. 107 7),也是成果能否得到应用的重要影响因素。

4.2 水利科技成果转化的预测分析

综合分析现有的科研现状、成果数量、市场需求、转化情况等本底数据可以看出,我国水利科技成果转化水平与发达国家相比还有一定差距,其中一个重要的原因就是科研与市场需求的衔接不够紧凑。我国水利行业的科研目前仍然更多地重视研究,对成果转化的关注度、机制研究、政策资金投入等还有待进一步加强,特别是加强水利科技成果与技术市场的关联度,优化转化机制,提高成果的应用性,从而提升有效供给力。

4.2.1 研究思路

在整体分析目前我国水利科技成果转化水平的基础上,结合已建立的水利科技成果转化影响因素指标体系,对水利科技成果转化发展趋势和前景进行预测,分析并提出促进水利科技成果转化的对策建议,以期为科技成果转化的体制机制改革和支撑条件建设提供依据。

4.2.2 水利科技成果转化的发展前景分析

前期通过建立水利科技成果转化影响指标体系分析可见,首先,成果因素是权重最大的影响因素,其中的市场需求度是驱动水利科技成果转化的内在动力;其次是人才因素,其中的研发人才是成果产生的主要源泉;成果应用性、转化机制均会对成果转化产生重要影响。经研究分析,市场在短期状态下易出现失灵现象,一味地由市场支配科技创新和成果转化,反而会对科技和经济发展产生不利影响,因此必要的政策干预也是关键;而政策因素常常因为作用对象、实施力度等而影响落实效果,所以一定的人才支撑、政策机制也是保障和推动水利科技成果转化的重要条件。各要素之间相互联系、相互制约,共同作用于成果转移转化,应抓住主要因素,同时考虑与其他因素的相互作用。

第 2 章关于水利科技成果转化现状的分析研究,分别就政策(水利科技成果推广转化政策落实情况、水利科技推广组织体系建设情况)、人才(水利科技推广人才队伍与专业化平台建设情况)、成果(水利科技成果转化率情况、水利科技与市场衔接情况)、资金(水利科技推广资金投入情况)等四个方面因素在水利科技成果转化中的现状情况进行了详细分析,可以看出,我国高度重视水利科技成果转化,近年来相继颁布出台了一系列推动成果转化的政策办法;水利科技推广工作组织体系建设上有所突破,自上而下的水利科技推广工作组织机制已初步形成;设立了用于扶持水利技术示范推广的专项资金;水利科技成果数量不断增加、转化水平不断提高;对专业化复合型人才队伍、机构平台,水利科技成果与市场的衔接关联度等方面更加重视。水利科技成果转化水平呈现稳步上升状态,发展趋势良好,发展前景广阔。同时,结合我国现状与发展需要,为进一步推动水利科技成果转化推广,提出了未来工作方向的建议。

4.2.2.1　加强科技成果培育与征集

1. 完善科研组织管理方式

在制定科技发展规划、编制科研项目指南时,充分吸收科技成果需求端(企业等)的意见和建议,明确市场需求,靶向科研项目立项,促成有用科技成果形成,促进科技成果向现实生产力转化;在科技项目立项时,明确项目承担单位的科技成果转化义务,科技成果转化情况纳入项目绩效考核指标;加强知识产权管理,将知识产权的创造、运用作为项目立项和验收的重要指标。

2. 加强科技成果登记和汇交

全面实施水利科技成果登记管理，规范各级技术指导目录管理。根据《中华人民共和国促进科技成果转化法》（2015 年）、水利部《关于实施创新驱动发展战略加强水利科技创新若干意见》（水国科〔2017〕10 号）、《关于促进科技成果转化的指导意见》（水国科〔2018〕30 号）和《科技成果登记办法》（国科发计字〔2000〕542 号）的规定，加强水利科技成果登记，链接国家科技成果信息系统，建立全行业科技成果信息系统和水利科技成果信息发布平台。加强科技成果管理与科技计划项目管理的有机衔接，明确由财政资金设立的应用类科技项目承担单位的科技成果转化义务，开展应用类科技项目成果以及基础研究中具有应用前景的科研项目成果信息汇交。鼓励非财政资金资助的科技成果进行汇交。在科技进步奖评审条件中，增加科技成果登记要求。

3. 完善科技成果评价制度

建立完善水利科技成果评价制度，加强水利科技成果分类评价，建立以水利科技成果质量、贡献、绩效为导向的分类评价体系，正确评价水利科技成果的技术价值、经济价值、社会价值等，并建立评价专家数据库。对标第三方专业科技成果评价机构，提高评价结论认可度，实现评价结论的“可追溯、可查询、可追责”，助力水利科技成果申报科学技术奖励，推动科技成果获得技术推广转化资金支持。

4. 加强水利科技统计

在年度水利科技统计工作规划、培训和实施工作基础上，增加科技统计信息共享服务。纳入水利科技统计范围的二级机构间、二级机构所辖三级机构间可实现信息共享，通过对比，提升科技创新积极性和科技成果转化力度，并与高技术产品及高技术服务科技统计、科学研究与技术服务业事业单位科技统计、人事部门统计的指标归一化，实现数连。

4.2.2.2　强化人才队伍与成果转化平台建设

1. 加强人才队伍建设

合理配置人才资源，从国家到地方，形成完善的水利科技推广组织架构，加强结构调整，优化基础技术研发人才和应用技术研发人才比例，完善激励机制，大力发展职业技术教育和培训，让更多专业性工程技术人员参与科技成果转化。建立具有技术、市场、法律、金融等综合服务能力的专业化复合型人才队伍并做好专业知识与新技术培训，丰富和增强推动成果转移转化的人力资源与动力。

2. 加强水利科技成果信息服务平台工作

为有效促进水利科技成果转化，水利部已经建立了水利科技成果信息服务平台。通过开展技术交流、培训、展览展示和推介活动，利用报刊、网络等形式，加强科技成果宣传力度。全方位加强水利科技宣传和技术推广工作，通过多种途径，不断推进水利科技成果推广转化，水利科技推广模式不断创新，提升推广效益。

3. 构建水利行业技术创新联盟

围绕新时期治水思路和“四大”水问题的解决，发挥水利部五大科研院的主导作用，联合企业、水利高校、科研院所构建水利行业技术创新联盟。适时采用实体化运行机制，为联盟成员单位中的需求端提供订制研发服务，为供给侧提供信息，联盟成员可共同承担重大科技成果转化项目，实现联合攻关、利益共享的有效机制。

4. 引入技术转移服务机构力量

科研机构的优势在于科技创新和技术研发，科研人员精通专业技术，具有较深厚的科研背景，然而往往缺乏商务、法律、谈判能力。对应科技成果转化的策划和实施的专业化要求，科研机构可更多借助于第三方的力量，例如技术经纪人和科技成果转移转化专业服务机构。通过第三方力量或在科研机构内部设置专职技术转移转化机构，提供信息平台、技术评估、技术经纪等专业化服务，促进科技成果转化。

4.2.2.3　完善科技成果推广转化制度

1. 印发《水利部促进科技成果转化管理办法》

在水利部《关于实施创新驱动发展战略加强水利科技创新若干意见》《关于促进科技成果转化的指导意见》和水利部国际合作与科技司《关于抓好赋予科研机构和人员更大自主权有关文件贯彻落实工作的通知》的基础上，对标国防科工局、教育部、科技部、交通运输部、农业农村部、自然资源部等部门，编制印发《水利部促进科技成果转化管理办法》，规范水利科技成果转化行为，鼓励水利科技创新主体（水利科研机构、水利高等院校、企业等）及科技人员的科技成果转化行为，打通科技与经济结合的通道。

2. 出台《水利科技推广管理办法》

制定出台《水利科技推广管理办法》，规范指导水利科技成果推广工作；修订《关于加强水利技术示范项目管理的通知》，为水利科技推广工作提供制度保障。

3. 深化水利科技成果转化年度报告

自2017年以来，水利部部属科研机构每年向科技部指定的信息管理系统报送科技成果转化情况年度报告，同时汇集到水利部，水利部形成《水利部部属科研机构科技成果转化年度总结报告》。今后建议深化总结报告内容，力求依据各单位成果转化典型案例，提出新时期治水思路和新时期“四大”水问题下的行业科研攻关重点指导方向，并对技术推广、转化方式进行指导布局。

4. 创新绩效考核体系和人才评价体系

建立有利于促进科技成果转化的绩效考核评价体系和人才评价体系，将水利科技成果获得、使用、推广、转化情况，纳入单位绩效考核评价体系和人才评价体系中，对转化绩效突出的单位及人员加大科研立项支持，在人才评价体系中体现科技成果转化赋分项或加分项,激励科技成果推广转化。

5. 建立水利科技成果推广转化后评估制度

建立水利科技成果推广转化后评估制度,建立主管部门、用户、第三方评价和成果抽查相结合的推广转化成效评估机制,从应用型水利科技成果的质量、贡献、绩效等层面,分析水利科技成果推广转化的情况,评判水利科技成果的技术水平、推广转化效益和取得的知识产权等情况。总结经验,吸取教训,提高效益,为未来水利科技成果推广转化提出方向建议。后评估完成后,由主管部门组织,不定期开展成果推广转化情况的抽查。发挥后评估结果导向作用,逐步建立以评估结果为依据的水利科技成果动态更新管理机制。

4.2.2.4　推动科技成果示范推广

1. 做实工程技术研究中心、工程研究中心

做强做实水利部工程技术研究中心、发改委国家研究中心。从每年财政预算中申请研发项目经费,支持对接行业需求的技术和产品研发工作;建设单位可投入固定的推广转化资金,用于成果的宣传推广,做实工程技术研究中心、工程研究中心,并将中心发展成为产品研发、小试、中试熟化、推广转化的综合平台。在工程技术研究中心、工程研究中心的评估工作中,纳入科技成果转化指标,推动科技创新和科技成果转化。

2. 做强技术示范和推广基地

目前,全国已建成300余个农业节水示范地区、49个部级水土保持科技示范园和140余个科技推广示范基地(园区),水利科技推广与技术服务体系基本建立。“十四五”期间,应根据《水利部科技推广中心科技推广示范基地管理办法》和《水利先进实用技术“优秀示范工程”管理办法》的规定,做强现有水利科技推广示范基地,评选和宣传“优秀示范工程”,结合科技项目开展,实现科技项目立项阶段提出的科技成果转化情况绩效考核要求。

3. 推动水利科技成果产业化

建设水利科技成果产业化基地，借助全行业科技成果信息系统和水利科技成果信息发布平台，结合科技成果评价结论，筛选出推广前景良好、需求迫切的一批水利科技成果，并根据研发单位就近建设水利科技成果产业化基地，真正实现科技成果向现实生产力的转变，实现创新驱动发展，为水利行业创造经济效益、社会效益和生态效益。

第5章　水利科技推广转化支撑保障战略目标和布局

5.1　指导思想

以习近平新时代中国特色社会主义思想为指导，深入贯彻“节水优先、空间均衡、系统治理、两手发力”的治水思路，积极践行“水利工程补短板、水利行业强监管”的水利改革发展总基调，强化顶层设计，加强制度建设，完善工作机制，切实做好成熟适用水利科技成果推广运用，提高水利科技成果转化水平，为实现水治理体系和治理能力现代化提供更加坚实的科技支撑。

5.2　基本原则

(1)强化需求牵引。紧密围绕水利改革发展重大科技需求和实际工作需要，进一步推动水利科技成果与生产实践的精准对接，加快科技成果推广应用。

(2)创新体制机制。强化制度建设，建立科学有效的工作机制，破除体制机制性制约，充分调动行业内外各方力量，形成合力，服务大局，促进科技推广创新发展。

(3)提升工作效能。聚焦水利科技推广工作短板弱项，切实增强责任感和紧迫感，创新工作方式方法，强化人才支撑保障，全面提升水利科技推广能力水平。

(4)坚持两手发力。发挥政府引导作用，放管结合、优化服务,强化政府在政策制定和平台建设等方面的职能,营造良好环境。发挥市场主体作用,积极培育技术市场,推进产、学、研协同创新。

5.3　总体目标

根据水利科技推广转化现状分析结果,结合《水利科技推广工作三年行动计划(2020—2022 年)》等规划,提出水利科技推广转化工作近期(2025 年)、中期(2035 年)和远期(2050 年)的目标:

(1)2025 年:各方共同参与、协力推进的水利科技推广工作格局基本形成,需求凝练、成果遴选、推广运用、动态管理等全链条工作机制逐步健全,畅通有效的水利科技成果供需渠道全面建立,在重点领域推广运用 500 项左右先进实用的水利科技成果。

(2)2035 年:建成自上而下的水利科技推广组织体系,形成完善的常态化水利成果转化战略研究机制、水利成果转化管理人才培养和激励机制等,推广运用 1 000 项左右先进实用的水利科技成果,满足水利各领域生产实践的需求。

(3)2050 年:水利科技成果转化水平进一步提升,全面满足水治理体系和治理能力现代化的实际需求。

5.4　近期重点任务

5.4.1　深化改革创新

(1)完善规章制度。修订出台《水利科技推广管理办法》《水利部促进科技成果推广转化实施办法》等,为水利科技推广工作提供制度保障。

(2)建立工作机制。落实有关业务部门和各级水行政主管部门科技推广工作职责,强化行业指导,推动构建各方共同参与、协力推进的工作格局。

(3)加强政策研究。加强水利科技推广约束激励等政策研究,科学谋划水利科技推广“十四五”及中长期发展目标和重点任务。

5.4.2　遴选高质量成果

(1)加强需求梳理和凝练。面向业务司局、流域管理机构和地方水行政主管部门征集技术需求,梳理凝练,形成水利科技推广重点技术需求清单,作为水利科技成果遴选和推广应用的主要依据,不断提升科技推广的有效性和针对性。

(2)拓展成果来源渠道。强化与行业外科研机构、高等院校和龙头骨干企业合作,加强水利多双边国际科技合作交流,拓展国内外先进适用的水利科技成果来源渠道。实施水利行业科技成果登记管理。

(3)科学开展成果评选工作。遴选发布水利部年度成熟适用的水利科技成果推广清单。加强水利行业技术指导目录分级分类管理。

5.4.3　加强推广运用

(1)重点做好入选清单(目录)成果的推广运用。加强对清单成果采信,业务司局、流域管理机构和地方水行政主管部门要制订工作方案,建立台账,落实责任,通过规划编制、项目安排、资金补助、推介宣传活动等各种形式开展推广运用。发挥水利行业技术指导目录等的引导作用,鼓励结合实际择优推广运用。

(2)组织开展各类推广活动。围绕水利中心工作和重点技术需求,联合业务司局、地方水利科技部门、科研机构和技术持有单位,搭建“线上+线下”科技成果供需交流平台。每年组织举办国际水利先进技术(产品)推介会、成果供需交流会议、现场会和培训班等各类活动30场次左右,加大成果宣传推广力度。

(3)推进水利科技推广信息化建设。完善水利科技成果信息平台,建立水利先进适用科技成果信息库,推动智能化成果信息交互平台建设和使用,实现成果智能推荐、定制开发,提升信息化服务能力。

(4)深化成果推广试点示范。在技术需求迫切、水利特色明显的典型流域或区域,开展先进适用的技术集成应用和示范展示,建成一批试点示范基地,形成可复制、可推广的技术模式。

(5)加强各类推广项目组织实施。做好水利科技推广项目的组织实施,注重推广效果,加强事后监管和评估,确保项目实施取得实效。

(6)加强水利科技成果与标准衔接。优先将先进成熟或具有重大应用价值的科技成果作为有关标准修订的重要内容。鼓励具有地区特点的科技成果纳入地方标准体系,推动企业积极参与团体标准制修订。

5.4.4　实施成效管理

(1)实施过程跟踪和后评估。针对节水、水生态保护与修复等重点领域关键性科技成果,加强推广运用情况过程追踪。建立主管部门、用户、第三方评价和成果抽查相结合的水利科技成果转化后评估机制。

(2)加强评估结果使用。发挥后评估结果导向作用,逐步建立以评估结果为依据的水利科技成果动态更新管理机制。

第6章　水利科技推广转化支撑保障战略措施

6.1　水利科技成果转化体制模式

6.1.1　构建思路

水利科技成果具有公益性特征。一是水利工程建设、河湖生态治理、水资源保护利用等方面主要依靠财政资金投入,社会自有资金投入相对较少。二是水利科研和技术研发也是依靠财政资金的支持。三是水利工程是一个特殊的产品,水资源具有商品属性,水利科技成果推广转化应用,技术转移方式较少,主要是由高校和科研院所以技术开发、技术咨询和技术服务的方式,把创新的成果和先进技术运用到水资源、水生态、水环境和水灾害统筹治理中。从科技成果的研发到推广转化、技术应用,都需要政府给予大力的支持,高校和科研院所是技术研发的主体,设计、施工等企业是技术应用的主力军。同时,水利科技成果专业性强,需要产、学、研有机结合。围绕水利改革发展的总目标,着力解决水利改革发展中的科技问题,不断提高科技对水利发展的贡献率,就要强力推进科技成果推广转化应用。从政府引领、协同创新、市场导向、企业自主全方位构建水利科技成果推广转化体制。

6.1.2 体制模式

6.1.2.1 政府引导

科技成果转化是个复杂的系统工程，同时也是一项风险性事业。《中华人民共和国促进科技成果转化法》要求各级人民政府应当将科技成果转化纳入国民经济和社会发展计划，并组织协调实施科技成果的转化，水利科技成果具有明显的社会公益性、基础性特征，水利产业涉及国计民生，为全面提升行业科技创新能力，构建符合科技创新规律、体现行业特色的科技成果转化体系，才能更好地服务于中国特色社会主义现代化建设事业，更好促进社会经济的发展。因此，水利科技成果推广转化，必须依靠政府主导，政府应当在科技成果转化和推广过程中起到良好的引导作用。一是强化科技成果转化政策支持，出台促进水利科技成果实施细则或指导意见，规范科技成果转化各方责、权、利和奖、惩。尤其是对科技成果处置权、收益分配权，以及科技成果转化模式应更加明确，便于高校、科研院所和企业实施运用。二是建立科技成果转化引导基金，补齐科技成果转化初试、中试资金不足的短板，调动高校、科研机构、企业等组织实施科技成果转化的积极性和主动性。三是培育科技成果转化中介服务机构，推进科技成果转化市场化，形成良好的市场供求模式。四是加快推进科技成果转化评价机制，促进科技成果转化效率，提高科技对社会经济发展的贡献率。

6.1.2.2 协同创新

水利科技创新主要是高校和科研院所，其成果转化通常是由高校、科研院所、设计单位、水利企业等其他社会组织一起协同，以“技术开发、技术转移、技术咨询、技术服务、技术培训”等模式，把新技术、新工艺、新材料、新产品、技术秘密等应用到“四水”治理实践中，促进水利行业技术进步。水利建设与治理涉及管理、科研、规划、设计、监理、施工、制造等庞大系统，水利主管部门要做好顶层设计,统筹各方科技优势,提高科技创新能力,提升科技成果转化效能,把水利科技成果转化为现实生产力,这也是用好财政资金,做好水利事业的重要举措。一是围绕水利产业发展,重大科技项目立项,要密切结合"四水"治理需求,科研及时跟踪技术应用,切实把创新成果用到工程实践中。二是强化科研、设计和企业协同,用好工程带科研创新促进器,确保科研经费用于工程创新,提高水利产品质量与安全。三是强化高校院所科技创新主体地位,运用科研出题、政府立题,科研与企业协同破题,建立科技成果项目库,用好科技人才。四是发挥企业是科技成果转化市场主体地位,挖掘企业技术需求,引进和梳理现有科技成果,推介给企业适宜转化的科技成果目录,加强技术研发与技术需求对接。

6.1.2.3　市场导向

科技成果转化需要培育技术市场,通过技术市场交易平台,对科技成果价值进行评判,形成以市场需求为导向,研发单位主动对接,有利于推进水利科技成果的转化。一是建立水利技术交易市场体系,明确专门机构统筹科技成果转化管理和市场指导,汇集科技政策、成果、人才、资金等科技成果转化要素,对于技术转移类的科技成果如专利产品类(外加剂、构配件等),可以通过市场交易定价,企业承接科技成果转化授权,形成产业化生产。二是企业需要技术研发、技术咨询和技术服务,科研院所通过市场竞争交易,向企业提供技术知识转移,实现水利科技成果的转化。三是培育中介服务机构承接科技成果转化服务,面向社会推介最新科技成果,并对科技成果成熟度进行评估,使成熟度高的科技成果得以及时转化应用。

6.1.2.4　企业自主

企业是科技成果转化和推广过程中的重要主体。企业可以自行发布信息或者委托技术交易中介机构征集其单位所需的科技成果,或者征寻科技成果的合作者,也可以独立或者与境内外企业、事业单位或者其他合作者实施科技成果转化、承担政府组织实施的科技研究开发和科技成果转化项目,还可以与研究开发机构、高等院校等事业单位相结合,联合实施科技成果转化。企业作为技术市场主体,面向社会推介的水利科技成果,瞄准水利产业发展方向及社会经济发展需求,自主选择水利科技成果转化模式,主动对接高校院所,加强产学研合作,推进水利科技成果转为现实生产力,同时,统筹科技资金,引导企业引进以自主知识产权为核心的应用技术,推进企业技术创新和科技成果产业化发展,实现企业经济效益,为社会经济发展和水利行业科技发展注入活力。

6.2 水利科技成果转化机制模式

6.2.1 改进思路

近几年,国家在修订颁布《中华人民共和国促进科技成果转化法》之后,相继出台了《中华人民共和国促进科技成果转化法》若干规定和促进科技成果转移转化行动方案,全面实施创新驱动发展战略,推进科技成果转移转化,助力结构性改革,支撑经济转型升级和产业结构调整,促进大众创业、万众创新。习近平总书记高度重视科技成果转化工作,强调"要加快创新成果转化应用,彻底打通关卡,破解实现技术突破、产品制造、市场模式、产业发展'一条龙'转化的瓶颈"。面向新时代,水利行业发展方兴未艾,水利人应积极贯彻习近平总书记治水兴水重要论述,拧住水利改革发展的总目标,着力践行创新驱动发展战略,围绕"水利工程补短板、水利行业强监管"的行业发展总基调,以提升自主创新能力为核心,深化科技体制管理改革,着力解决水利科技成果转移转化中的短板,从投入机制、协同机制、激励机制、评价机制和共享机制等方面入手,全面构建符合科技创新规律、体现水利行业特色的科技成果转移转化体系。

6.2.2　机制模式

6.2.2.1　投入机制

水利行业发展具有依托财政资金投入为主的特点,水利科技领域创新由国家科技需求来引领,重大科技攻关也是由科技部统筹,对于水利行业发展科技需要,应有相对固定的经费投入渠道,系统解决水利行业生产的技术应用问题,提高行业整体科技实力,注入水利科技创新动力,走出一条具有科技创新驱动、成果转化应用的水利现代化事业路径。一方面,大力争取国家资金投入,建立水利行业科技创新与成果转移转化引导基金,调动高校、科研院所等科研机构科技创新的主动性,有力推进水利行业现代化事业的发展;另一方面,建立投融资渠道,积极吸纳社会资金投入,同时运用好工程带科研这个“牛鼻子”,调动参建各方经济力量促进水利科技创新与成果转化技术应用。

6.2.2.2　协同机制

产、学、研协同创新机制是科技成果转移转化的重要途径,水利科技成果转移转化必须加强高校、科研院所、设计、企业、中介服务和各级政府部门协同配合、无缝对接。水利科技成果技术应用适宜对象性强,很多科技成果转化需要完成团队或技术专业团队来实现,也需要科研人员、设计人员、技术经纪人、投资者等团队共同努力,才能及时把水利科技成果运用到工程实践中。一是在政策层面给予支持,免除政策上的障碍,引导高校、科研院所围绕水利改革发展的中心任务,主动科技创新与成果转移转化工作。二是以行业科技需求为导向,结合“四水”治理项目,水利主管部门引导,从前期科研、初步设计、工程实施等阶段,组织科研、设计、企业等团队进行技术协同作战,既可以解决水利生产中的科技难题,也使创新成果得到有效转化应用。三是高等院校、科研机构应主动作为，瞄准水利行业发展需求，主动走向市场，从科研项目选题立项到成果转化必须紧紧围绕行业产业发展，尤其是新业态的发展应更加紧密。四是组建水利科技创新转化联盟，充分发挥各级工程技术研究中心、学会和行业协会等作用，联合高校、科研院所和上下游企业等组建一批水利技术创新转化联盟或产、学、研协同创新共同体，围绕产业链构建创新链，推动跨领域、跨部门协同创新，加强行业共性关键技术研发和转移转化。

6.2.2.3　激励机制

《中华人民共和国促进科技成果转化法》对科技成果转化收益分配权给予界定，高校、科研院所等机构对转化科技成果所获得的收入全部留归本单位，自主对完成、转化职务科技成果做出重要贡献的人员给予奖励和报酬，结余资金主要用于科学技术研究开发与成果转化等相关工作。对科技成果转化项目收益分配进行规定，从该项科技成果转移转化净收入中提取不低于 50% 的比例激励科技团队。水利部发布的促进科技成果转化指导意见中，对于技术转让、许可转化、作价投资转化三种转化方式，给予了明确激励比例不低于 50%。同时，对在研究开发和科技成果转化中做出主要贡献的人员，获得奖励的份额不低于奖励总额的 50%。但从科技成果转化实施的效果来看，需要对指导意见进行补充完善。一是在科技成果转化方式上，除《中华人民共和国促进科技成果转化法》明确的 5 种方式外，对高校和科研院所面向市场竞争获得的政府、企事业单位和其他社会组织委托开展的技术开发、技术咨询和技术服务等技术服务项目，在项目纯收益中提取一定的比例激励科技团队。二是在科技人员奖励的范围中，既要重视科技成果完成和转化重要贡献人员，也要激励为完成和转化科技成果的辅助人员，从以人为本的角度出发，激励科技团队是必要的，在各类人员分配比例的占比上要有显著差别。

6.2.2.4　评价机制

对科技成果的质量、水平、成熟度和应用价值等进行分析评价，是科技成果转化的前置关键环节，也是提高科技成果转化率的有效途径。尊重科技创新规律，以促进科技创新与水利改革发展结合为核心，以促进水利科技成果转移转化为目标，建立完善科技成果评价和科技成果转移转化后评价机制，树立正确的科技成果评价导向，构建科学、规范、高效、诚信的科技成果评价与转化绩效后评价体系。一是对科技成果实施分类评价。科学制定评价指标体系，根据科技成果属性、资金来源、技术特性、应用需求等方面，建立分类评价指标体系和程序标准。对基础研究类成果，突出中长期目标导向，注重研究质量、原创价值和技术贡献等进行评价；对应用技术类成果，突出技术应用效益，注重获得技术专利、标准研制、转化应用和综合效益等进行评价。二是对科技成果成熟度进行评价。从科技成果技术成熟度和市场发育两个方面建立评价指标体系，以促进科技成果规模化应用，提升科技成果转化成功率。三是对科技成果转化绩效后评价。科技成果名目繁多，适宜转移转化领域范围，加强科技成果转化应用绩效后评价，推进科技成果转化良性发展尤为必要。

6.2.2.5　共享机制

建立科技成果与转移转化信息网络服务平台，对科技成果名录进行跟踪发布、公益性基础试验数据共享。也可通过先进技术推介会、培训会、产品展会等多种形式的宣传。加强水利科技成果资源数据库建设，不断丰富技术市场科技成果资源，定期向社会公布水科技成果信息，尤其是科技成果评价信息发布，有力推进科技成果转化实施，形成现实生产力。一是水利公益性基础试验数据共享。对野外试验站、水文站等日常观测数据进行社会共享机制，促进科技创新效率，提高资源利用率，减少浪费。二是发布科技成果名录信息，使政府、高校、科研、企业和中介服务机构的信息畅通,及时了解树立科技成果动态,紧跟市场需求,实现科技成果有效转化。三是搭建信息网络技术平台,建立专业化的水利科技成果与评价的信息网络,对科技成果名录、科技成果成熟度评价和转化绩效评价进行及时公布,也为高校、科研、企业的科技人员开展科技成果评价提供服务条件,实现评价活动网络化、标准化、规范化。

6.3 水利科技成果转化保障机制

水利科技成果转化保障机制是指在科技成果转化机制中起维护、维持和保护作用的机制。水利科技成果主体涉及四类:一是水利科技成果的研发者和创造者,对水利科技成果拥有所有权的人、组织或者机构。目前,水利科技成果的主要来源是高校、科研院所和设计院;二是水利科技成果的使用者,大多为水利企事业单位和各类水利相关行业,各类使用者存在着差异化的利益诉求,对科技成果转化施加显著影响;三是中介服务机构,是水利科技成果所有者和使用者之间的桥梁,起到沟通信息、提供市场交易平台场所、协助交易成果的作用,其可以是非营利性质的,比如政府的成果转化交易服务平台,免费提供科技成果政策支持、成果供需发布、专家咨询等服务,也可以是营利性质的,比如各类中介服务公司,收取一定的技术咨询服务费用;四是推广转化机构,通常是政府委托负责科技成果转化推广工作的专门机构,如水利部科技推广中心、部分省市水利科技推广站,在今后的科技成果转化工作中应加大对部科技推广中心和各地推广工作站的支持力度。调动水科技成果转化各方主体积极性,协调推广转化工作有序进行,应从政策、制度、人才、资金、平台、激励等六个方面构建水利科技成果转化保障机制,有力促进水利科技成果转移转化。

6.3.1 政策保障机制

2015年新修订的《中华人民共和国促进科技成果转化法》发布以来,国家相继出台了一系列相关政策文件,有效释放了科技成果转化的活力,转化的政策体系基本形成,但还需要进一步健全,转化后的相关保障措施需要完善,特别是成果转化"最后一公里"的诸如科技成果转化收益分配、科技人员兼职兼薪、科技人员离岗创业、科技成果转化长效投入等问题都需要制定相应的政策保障。特别是水利行业有其特殊性,水利科技成果多数是以社会效益、环境效益为主的公益性成果,且大多数科技成果的推广转化都是面向省市政府及相应的水利管理部门,因此需要政府在政策制定时"因材施教",根据水利行业推广转化的特点,进一步研究出台能够给予水利科技成果转化人才切实利益的相关政策和制度,实施更加灵活的分配激励和税收优惠政策,保障和促进科技成果转化工作的有效开展。

同时,为引导高校和科研院所科技成果立足市场开展研发工作,需要继续探索建立以成果原始创新和实际贡献为导向的科研评价体系,从考核机制上给予保障,从源头上打通科技成果转化的渠道,需要继续推进科研院所改革,营造有利于产生高技术水平和高经济价值成果的体制机制,推动产学研协同,使得水利科技成果从一开始就"围绕需求,市场导向,服务产业"。

6.3.2 制度保障机制

政府在科技成果转化过程中,既要保障科技成果转化的发展,又不可以制约科技成果转化过程中的公平性,其作用主要体现在制定科技成果转化的战略、相关政策、提供资金支持等。

从高校和科研院所的内部管理来看,以知识产权为主要形式的技术类无形资产并非属于资产管理,通常属于科研管理,一般由科技管理部门负责。由于没有专门的制度规范，界定国有无形资产难度很大。因此，应该完善《国有资产管理办法》，将知识产权和科技成果作为特殊的无形资产单独进行规范，从而保证知识产权和科技成果的安全和价值，且有效发挥知识产权和科技成果的作用。

建立高校、科研院所和企业科技成果转化会商与对接制度、科技成果转化协同推进机制，强化科技成果转移转化考核，落实科技成果转移转化政策措施，加大对企业转化科技成果的奖励力度。应根据水利行业的特点，修订完善《水利部实施科技成果转化指导意见》，出台《水利部促进科技成果转化实施管理办法》等相关管理办法。

6.3.3　人才保障机制

科技成果转化人才包括技术转移人才、科技推广人才和产业经营人才。从事科技成果转化工作的人员不仅需要专业的知识和技能，还要懂得市场、管理、知识产权、法律、商务谈判等知识。因此，需要加大科技成果转化人才的培养，加大对科技成果转化人才的培训力度。

同时，人才的保障和激励还包括薪酬福利、荣誉奖励、个人发展空间、自我实现、工作环境等。科研人员在科技成果转化中不仅提供了技术资源，也为企业在知识产权过程中提供技术指导，在科技成果转化过程中起到了重要作用，也对科技成果转化项目的快速推进起到了积极的作用。应赋予科研院所和科研人员更大的成果转化自主权，加强对科研人员的激励和认知导向，探索建立科技人员分类评价考核制度，不将论文、纵向课题等内容作为对应用开发型科技人员考评的限制性条件，把技术转移转化绩效作为考评晋升的主要依据，推进市场化转移机构建设试点，推行技术经纪人市场化聘用制等。同时，在完善科技成果转化人才考评标准、收益分配方式、培训交流方式等激励机制时应对接水利行业特征。

6.3.4　平台保障机制

科技成果转化包括3个环节，源头上是科技成果的供给，末端是以企业为代表的市场需求，中间需要依靠中介或者平台，把供求双方联系起来。理论上来说科技成果转化主要是供需双方开展，在现实中围绕成果转化除供需双方外，还包括成果转化代理方、成果价值评估方、成果二次开发集成方、孵化器、交易机构、管理服务机构、工程中心等诸多参与方，这些参与方可以统一称为成果转化平台，应该大力培育这些平台，使之成为供需方对接的有效操手。

水利科技成果应用与转化工作是一项系统工程，对于农村水利技术、水利工程机械技术等市场应用性较强的技术，社会资本参与推广转化的动力较强，但从目前来看，多数水利科技成果多集中于大学和科研机构，而成果需求方主要集中于企业和基层群众，需要在科技成果供给方和需求方之间建立有效的连接机构，通过市场化的科技中介机构架起科研院所与企业之间的沟通渠道，提供科研单位科技成果转化的供给动力，增强应用单位采用科技成果的需求动力，提供供需双方动力，加快水利科技成果的转化。

加强资源集聚，打造科技成果转移转化综合服务平台，通过相应的平台建立科技成果信息发布机制。及时收集水利最新科学和技术前沿成果，面向全国发布推介。完善科技成果寻找捕捉机制，建设网上技术市场平台，以需求为导向，运用“互联网+”手段，着力打造连接高校院所和企业以及技术转移服务机构，投融资机构，线上线下融合的创新服务网络。健全科技成果对接转化机制，大力推进科技中介服务机构建设，培训专业化寻找捕捉经纪人队伍，指导帮助企业挖掘技术需求和难题，高校院所梳理可供转化的技术和成果，组织开展校企、所企产学研精准对接。

6.3.5　经费保障机制

水利科技成果大多数是以社会效益、环境效益为主的公益性水利科技成果,解决推广所需经费,是开展水利科技成果推广工作的基础。需要加强政策扶持,一是建立水利科研和水利科技推广专项资金逐年增长的有效机制。二是实施科技成果转化奖励补助政策。对高校和科研院所转化与企业购买科技成果进行转化的,按其成交额的一定比例给予奖励补助。三是建立科技融资放大机制。采取基金、财政金融产品、借转补等政策工具撬动金融资本、社会资本投入科技成果转化。

在科技成果转化过程中需要大量且稳定的资金投入,因此建立一个良好、稳定的资金保障体系,保证科技成果转化过程中资金到位是保障科技成果转化的一个重要组成部分。在科技成果转化过程中资金投入的方式是多种多样的,可以是政府投资、科研单位和高校自行投资、企业投入、个人投资、风险投资等方式中的任意一种或者几种相结合。

增加对市场资金的运用。社会资本的主要投资方向是与市场结合度较高的技术领域,而政府资金则主要保证水利基础研究的正常运行,对于水灾害防治技术、水资源水环境技术等具有较强外部性的水利科技成果,其社会效益往往大于经济效益,社会资金缺乏参与这类技术转化的内在动力,因此在引入社会资金参与水利科技成果转化的同时,政府对水利科技成果的转化和推广工作的支持依然是水利行业快速健康的前提保证。要对水利行业建立长效的资金投入机制,将资金投入量与财政收入、经济总量等经济指标挂钩,逐步加大对于水利行业基础研究的投入力度,以政府投入保证水利行业的准公共产品性质。

6.3.6　激励保障机制

科技成果的转化是一个系统,为了激发系统特定功能、调节系统以及环境关系的机制,就是科技成果转化的激励机制。激励机制是指为了充分激发科技成果转化各方主体的内在潜力和发挥活力而制定的规章制度,通常指分配机制、奖励机制、聘用机制等。

维护水利科技成果转化各类主体的公平、合理利益诉求,调节各要素的运行方式及其相互关系,需要建立利益激励机制,包括物质奖励制度(薪酬、奖金、福利等制度)和非物质奖励制度(表彰、晋升、选拔等制度)。

大力推进水利科技成果转化,应从资金、技术、人才等方面给予激励。一是由国家和地方政府设立水利科技成果转化资金,引导和推动水利科技成果尽快转化为生产力,鼓励科技型企业、科研院所和高校等以多种形式参与水利科技成果转化和市场竞争。二是加强水利科技成果转化平台建设。三是由地方财政支持设立水利科技创新专项资金,加强对水利科技创新的投入。

此外,结合当前水利科技转化工作需要,在对以上保障措施高度凝练的基础上,编制了《水利部促进科技成果转化管理办法(建议稿)》,见附录 3。

第 7 章　水利科技推广转化支撑保障战略手段

根据近期重点任务中"实施成效管理"的工作部署,需要建立后评估方法对水利科技推广转化的质量、贡献、绩效进行评估,为下一周期的工作决策和管理提供科学、可靠的参考依据。

7.1　水利科技推广转化后评估方法体系

7.1.1　后评估方法

科技成果评估常用的方法有同行评议法(专家评判法)、标准化评价法(指标体系评价法)、知识产权分析评议法、无形资产评估相关方法等。

7.1.1.1　同行评议法(专家评判法)

同行评议法(专家评判法)由从事相同或相近研究领域的专家来判断成果价值,是科技成果评估中应用最多和历史最悠久的方法。属于定性方法,操作简单,且评估结果易于使用。缺陷和不足在于评估结果受专家主观判断影响较大,评估结论不具有可重复性和可检验性。因此,在选择专家的时候,尽量选取科技成果的用户方专家,可对成果的实际应用情况做出较为客观的判断。

7.1.1.2　标准化评价法(指标体系评价法)

标准化评价法(指标体系评价法)是指根据相关评价标准、规定、方法和专家咨询意见,由评估方根据科技成果评价的原始材料,通过建立工作分解结构,对每个工作分解单元的相关指标进行等级评定,并得出标准化评价结果的方法。特点是将专家的作用前置,由专家根据科技成果的共性特点,明确评价的相关指标及所需的证明材料,建立一系列评价标准。评估方根据成果持有方提供的证明材料及相关数据,对比评价标准规定的等级,确定最终评价结论。优点是:评价结果是以证明材料为支撑的,可信度高;标准化评价指标等级的设计是与科技成果的本质特征密切相关的,在科技成果转化中有实际参考意义。缺点是:确定能够被客观评价的指标较难,建立与指标一一对应的评价标准较难,需要评估方具备专业评估能力。

7.1.1.3　知识产权分析评议法

知识产权分析评议法是指考虑影响知识产权价值的各种因素,对科研成果的知识产权价值进行评估的方法。首先需要明确知识产权评估的目的,鉴定知识产权的权属及类型,分析专利布局质量及专利不可规避性、依赖性、侵权可判定性及时效性等,并最终确定该成果的知识产权价值。

7.1.1.4　无形资产评估相关方法

无形资产评估相关方法主要有收益法、市场法、成本法等。

收益法:已批准的专利、商标与商誉、版权的评估主要采用收益法。收益法评估是基于一项财产的具体价值,主要取决于在未来这一财产拥有者经济利益的现值。

市场法:以现有的价格作为价格评定的基准,通过对市场的调研,一般选择几个或者更多的被评估的资产作为被交易的资产参照,把待评估的资产与之对比,并适当地对价格进行浮动调整。

成本法:以重新建造或购置与被评估资产具有相同用途和功效的资产现时需要的成本作为计价标准,根据不同的评估依据,成本法可分为复原重置成本法和更新重置成本法。成本法中的成本是为创造财产而实际产生的费用的总和,主要用于不产生收益的构成企业组成部分的机器设备及不动产的评估。

水利科技成果推广转化后评估，需要从技术水平、效益分析、知识产权等方面开展综合评估，因此采用标准化评价法，通过对二级指标进行分级和打分，得出标准评价分数，并给出各项水利科技成果未来的推广转化建议。

7.1.2　评估指标体系

水利科技成果推广转化后评估指标体系包括定量和定性的因素或变量，用来衡量水利科技成果推广转化活动的成效。通过开展后评估工作，对水利科技成果推广转化活动进行评估，并对水利科技成果推广转化活动需要强化的地方进行挖掘，给出未来水利科技成果推广转化工作发展方向指引。

在水利科技成果推广转化后评估过程中，根据水利科技成果不同维度价值评估的需求，结合评估工作本身的目的（评估水利科技成果的技术成熟程度、是否适宜推广转化以及后续推广转化工作方向等）选择适宜的评估指标。

水利科技成果推广转化后评估工作，主要针对应用类科技成果的评估，指标体系主要有技术水平、效益分析、知识产权三个方面。具体指标的分解、释义和证明材料见表 7-1。

7.1.3　指标赋分方法

水利科技成果推广转化后评估指标的赋分方法采用百分制，总分 100 分。针对一级指标（技术水平、效益分析、知识产权）对于水利科技成果推广转化质量、贡献和绩效的重要性，赋予不同的权重，给出各项一级指标的总分值；针对二级指标首先进行等级划分，然后进行逐项评分。赋分方法和标准统一，便于各项水利科技成果推广转化情况之间的对比。

二级指标的等级划分见表 7-2～表 7-7，各项指标的赋分方法见表 7-8。

表 7-1　水利科技成果推广转化后评估指标体系及释义

序号	一级指标	二级指标	指标释义	证明材料	说明
1	技术水平	技术先进性	应用类水利科技成果与国内外同类成果相比，其技术方法、设备性能、功能参数及其他技术指标的水平及优越性。主要从技术原理、技术构成和技术效果的进步等三个方面评估技术的优越程度	水利部新产品鉴定证书、国家新产品目录、第三方检测报告、论文等	质量
2		技术成熟度	衡量应用类水利科技成果满足预期应用目标的程度	技术凭证（技术报告、试验报告、销售合同、到款发票等）	质量
3		技术创新性	说明应用类水利科技成果在国际、国内、行业等特定范围内取得的技术突破，以及突破的程度，衡量技术原理及构成是完全自主的原始创新、集成技术创新还是引进模仿国外先进技术创新，是否掌握核心技术及技术集成，打破国外技术封锁的程度	查新报告等	质量

续表 7-1

序号	一级指标	二级指标	指标释义	证明材料	说明
4	效益分析	被采纳程度	水利科技成果是否被主管部门/用户采纳,用户满意度/体验感受如何,能否为日常业务需求提供解决问题的方案	业务需求对接情况,验收意见,批复文件,用户满意度调查表,表扬信等	贡献,成效
5		经济效益	水利科技成果已产生或可能产生的经济价值,从已有或潜在的市场规模、营业收入及其发展趋势等分析	销售合同、到款发票等	贡献,成效
6		社会效益	体现应用类水利科技成果在推动科技进步及社会发展,提高人们物质文化生活水平方面的作用,具体体现在能源、人力等社会成本的消耗,对科学与生产力发展的影响,对污染物与废弃物排放的影响,对生态环境的影响,对人民物质生活、文化与思想水平、健康与幸福水平等方面的影响,对社会稳定、公共卫生、公共安全等方面的影响,对就业、税收的影响,对国内政治发展、国家国际地位及国家安全等方面的影响	科技成果评价报告,第三方影响分析报告等	贡献,成效

续表 7-1

序号	一级指标	二级指标	指标释义	证明材料	说明
7	知识产权	专利布局	确定所取得的知识产权现在的价值和未来的价值，包括应用类水利科技成果对应的知识产权保护情况、整体专利情况、核心技术竞争力等	专利信息	质量
8		专利的时效性	反映所取得的知识产权是否在有效期内	专利信息	质量
9		专利奖	反映所取得的知识产权是否获得专利优秀奖等奖项	专利奖证书等	质量

表 7-2 应用类水利科技成果技术先进度等级

级别	定义
第七级	在国际范围内,该成果的核心指标值领先于该领域其他类似技术的相应指标
第六级	在国际范围内,该成果的核心指标值达到该领域其他类似技术的相应指标
第五级	在国内范围内,该成果的核心指标值领先于该领域其他类似技术的相应指标
第四级	在国内范围内,该成果的核心指标值达到该领域其他类似技术的相应指标
第三级	该科技成果的核心指标达到国家标准或行业标准
第二级	该科技成果的核心指标达到地方标准或企业标准
第一级	该科技成果的核心指标暂未达到上述任何要求

表 7-3 应用类水利科技成果技术成熟度等级

标准模板		含义
十三级	回报级	收回投入稳赚利润
十二级	利润级	利润达到投入的 20%
十一级	盈亏级	批产达到±盈亏平衡点
第十级	销售级	第一个销售合同回款
第九级	系统级	实际通过任务运行的成功考验
第八级	产品级	实际系统完成并通过试验验证
第七级	环境级	在实际环境中的系统样机试验
第六级	正样级	相关环境中的系统样机演示
第五级	初样级	相关环境中的部件仿真验证
第四级	仿真级	研究室环境中的部件仿真验证

续表 7-3

标准模板		含义
第三级	功能级	关键功能分析和试验结论成立
第二级	方案级	形成了技术概念或开发方案
第一级	报告级	观察到原理并形成正式报告

注:摘自巨建国等编著的《科技评估师职业培训教材》。

表 7-4　技术创新度等级

级别	定义
第四级	水利科技成果的技术创新点在国际范围内,在所有应用领域中都检索不到
第三级	水利科技成果的技术创新点在国际范围内,在某个应用领域中检索不到
第二级	水利科技成果的技术创新点在国内范围内,在所有应用领域中都检索不到
第一级	水利科技成果的技术创新点在国内范围内,在某个应用领域中检索不到

表 7-5　被采纳程度等级

级别	含义
第三级	水利科技成果被主管部门/用户完全采纳,用户满意度/体验感受良好,直接对接日常业务需求,准确完整提供解决问题的方案
第二级	水利科技成果被主管部门/用户部分采纳,用户满意度/体验感受尚可,对接日常业务需求范围,提供了解决问题的方案
第一级	尚未被水利科技成果被主管部门/用户采纳,用户满意度/体验感受一般,对接日常业务需求有偏差,尚未提供解决问题的方案

表 7-6　经济效益等级

级别		含义
第三级	显著	已产生或可能产生的经济价值显著,从已有或潜在的市场规模、市场竞争、营业收入、与前期投入的对比等方面分析,经济效益非常突出
第二级	明显	已产生或可能产生的经济价值明显,从已有或潜在的市场规模、市场竞争、营业收入、与前期投入的对比等方面分析,经济效益明显
第一级	一般	已产生或可能产生的经济价值一般,从已有或潜在的市场规模、市场竞争、营业收入、与前期投入的对比等方面分析,经济效益一般

表 7-7　社会效益等级

级别		含义
三级	显著	水利科技成果的推广转化,分析其对科学与生产力发展的影响,对污染物与废弃物排放的影响,对生态环境的影响,正面影响显著
二级	明显	水利科技成果的推广转化,分析其对科学与生产力发展的影响,对污染物与废弃物排放的影响,对生态环境的影响,正面影响明显
一级	一般	水利科技成果的推广转化,分析其对科学与生产力发展的影响,对污染物与废弃物排放的影响,对生态环境的影响,正面影响一般

表 7-8　后评估指标赋分方法

一级指标	二级指标	等级	等级说明	赋分值
技术水平（28 分）	技术先进性（7 分）	第七级	在国际范围内,该成果的核心指标值领先于该领域其他类似技术的相应指标	7
		第六级	在国际范围内,该成果的核心指标值达到该领域其他类似技术的相应指标	6
		第五级	在国内范围内,该成果的核心指标值领先于该领域其他类似技术的相应指标	5
		第四级	在国内范围内,该成果的核心指标值达到该领域其他类似技术的相应指标	4
		第三级	该科技成果的核心指标值达到国家标准或行业标准	3
		第二级	该科技成果的核心指标值达到地方标准或企业标准	2
		第一级	该科技成果的核心指标值暂未达到上述任何要求	1

续表 7-8

一级指标	二级指标	等级	等级说明	赋分值
技术水平（28 分）	技术成熟度（13 分）	十三级	收回投入稳赚利润	13
		十二级	利润达到投入的 20%	12
		十一级	批产达到±盈亏平衡点	11
		第十级	第一个销售合同回款	10
		第九级	实际通过任务运行的成功考验	9
		第八级	实际系统完成并通过试验验证	8
		第七级	在实际环境中的系统样机试验	7
		第六级	相关环境中的系统样机演示	6
		第五级	相关环境中的部件仿真验证	5
		第四级	研究室环境中的部件仿真验证	4
		第三级	关键功能分析和试验结论成立	3
		第二级	形成了技术概念或开发方案	2
		第一级	观察到原理并形成正式报告	1
	技术创新性（8 分）	第四级	水利科技成果的技术创新点在国际范围内，在所有应用领域中都检索不到	8
		第三级	水利科技成果的技术创新点在国际范围内，在某个应用领域中检索不到	6
		第二级	水利科技成果的技术创新点在国内范围内，在所有应用领域中都检索不到	5
		第一级	水利科技成果的技术创新点在国内范围内，在某个应用领域中检索不到	

续表 7-8

一级指标	二级指标	等级	等级说明	赋分值
效益分析(52 分)	被采纳程度(18 分)	第三级	水利科技成果被主管部门/用户完全采纳,用户满意度/体验感受良好,直接对接日常业务需求,准确完整提供解决问题的方案	18
		第二级	水利科技成果被主管部门/用户部分采纳,用户满意度/体验感受尚可,对接日常业务需求范围,提供了解决问题的方案	12
		第一级	水利科技成果尚未被主管部门/用户采纳,用户满意度/体验感受一般,对接日常业务需求有偏差,尚未提供解决问题的方案	5
	经济效益(20 分)	第三级	已产生或可能产生的经济价值显著,从已有或潜在的市场规模、市场竞争、营业收入、与前期投入的对比等分析,经济效益非常突出(已有累计销售收入/技术服务收入是前期投入的 10 倍以上;年销售收入/技术服务收入是年投入的 5 倍以上;市场占有率达到 50%以上)	20

续表 7-8

一级指标	二级指标	等级	等级说明	赋分值
效益分析（52 分）	经济效益（20 分）	第二级	已产生或可能产生的经济价值明显，从已有或潜在的市场规模、市场竞争、营业收入、与前期投入的对比等分析，经济效益明显（已有累计销售收入/技术服务收入是前期投入的 2~9 倍；年销售收入/技术服务收入是年投入的 2~4 倍；市场占有率达到 10%~49%）	10
		第一级	已产生或可能产生的经济价值一般，从已有或潜在的市场规模、市场竞争、营业收入、与前期投入的对比等分析，经济效益一般（已有累计销售收入/技术服务收入是前期投入的 2 倍以下；年销售收入/技术服务收入是年投入的 2 倍以下；市场占有率不足 10%）	5
	社会效益（14 分）	第三级	水利科技成果的推广转化，分析其对科学与生产力发展的影响，对污染物与废弃物排放的影响，对生态环境的影响，正面影响显著	14

续表 7-8

一级指标	二级指标	等级	等级说明	赋分值
效益分析（52 分）	社会效益（14 分）	第二级	水利科技成果的推广转化，分析其对科学与生产力发展的影响，对污染物与废弃物排放的影响，对生态环境的影响，正面影响明显	8
		第一级	水利科技成果的推广转化，分析其对科学与生产力发展的影响，对污染物与废弃物排放的影响，对生态环境的影响，正面影响一般	4
知识产权（20 分）	专利布局（10 分）	第三级	知识产权现在的价值和未来的价值增长潜力显著，水利科技成果对应的知识产权保护良好，整体专利取得情况良好，具备核心技术竞争力	10
		第二级	知识产权现在的价值和未来的价值增长潜力较好，水利科技成果对应的知识产权保护较好，整体专利取得情况较好	5
		第一级	知识产权现在的价值和未来的价值增长潜力不明显，需加大研发力度，水利科技成果对应的知识产权保护一般，整体专利取得情况较少	2
	专利的时效性（6 分）	第三级	所取得的知识产权在有效期内	6
		第二级	所取得的知识产权在续费补救期内	
		第一级	所取得的知识产权失效	1
	专利奖（4 分）	第二级	所取得的知识产权获得专利奖、发明奖等奖项	4
		第一级	所取得的知识产权尚未获得专利奖、发明奖等奖项	1

7.1.4　后评估流程

水利科技推广转化后评估的整体流程包括前期准备、信息收集、分析评估、形成报告。其中，评估报告应包括对水利科技成果推广转化的技术水平评估、取得的经济效益和社会效益分析、知识产权布局分析等内容，并形成评估结论，以及针对该项水利科技成果未来的推广工作，提出建议。水利科技成果推广转化后评估流程如图 7-1 所示。

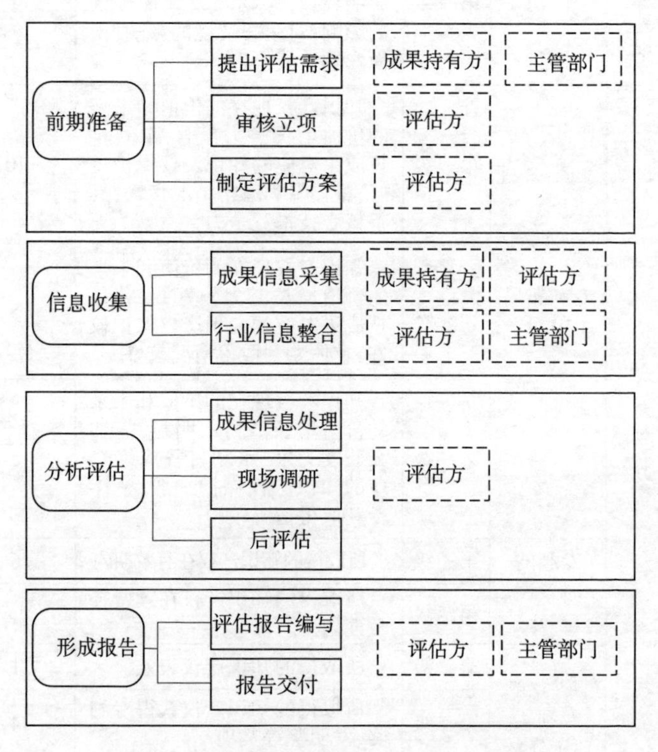

图 7-1　水利科技成果推广转化后评估流程

前期准备:水利科技成果推广转化后评估,由主管部门组织开展,主管部门提出评估计划,成果持有方提出评估需求;考虑水利行业的公益性属性,选定推广转化后评估工作的评估方;立项后,由评估方针对科技成果的特色制订评估方案,做好前期准备。

信息收集:评估对象的成果信息,主要由成果持有方提供,评估方进行收集整理;行业信息收集,由水利科技推广主管部门指导,评估方进行整合梳理。

分析评估:由评估方开展水利科技成果推广转化的后评估分析工作,根据科技成果本身的特色,从技术水平、推广转化效益、知识产权布局等方面开展评估,给出该成果推广转化的整体情况。

形成报告:评估方编制水利科技成果推广转化后评估报告,提出未来科技成果推广转化的方向和措施建议,并交付成果持有方和主管部门。

7.2 后评估组织实施

水利科技成果评估主体包括组织者、评估方、委托方(成果持有方):组织者是各级水利科技成果推广主管部门,负责制定水利科技成果评估计划、评估要求、组织方式等;评估方是水利科技成果评估的执行单位,是第三方科技成果评估机构,由于水利行业的公益性属性较强,可以由组织方水利科技成果推广主管部门指定或委托;委托方(成果持有方)是水利科技成果持有单位,负责提出水利科技成果评估需求、委托评估任务、提供评估经费、提供相关材料支持和提供评估条件保障。

水利科技成果推广转化后评估工作常年开展。根据各司局职能需求和市场需求,结合每年先进实用技术重点推广指导目录,以及委托方(成果持有方)提出的评估需求,由各级水利科技推广主管部门统一组织,每年分批选取应用类水利科技成果,开展推广转化情况的后评估,给出各项水利科技成果推广转化的未来发展方向,供组织方和委托方参考和使用。

评估方式分为自评估、第三方评估、成果抽查。自评估是成果持有方根据自身发展需求,按照标准化评价法整理相关素材,根据赋分方法体系开展自评估,评估结果作为摸底参考。自评估工作自愿开展。第三方评估是由行业主管部门或委托方(成果持有方)选取评估方,组织专家队伍,根据委托方(成果持有方)提供的相关材料,开展水利科技成果推广转化情况的评估。成果抽查是对自评估和第三方评估结论的复核工作,对水利科技成果最新的推广转化情况进行证明材料的抽查和核验。

7.3　后评估典型案例

选取近年来珠科院研发取得的典型水利科技成果作为案例,采用上述标准化评价法给出的赋分方法,对典型水利科技成果的推广转化情况开展评估,分析水利科技成果的质量、贡献和绩效,通过评分给出技术水平、效益分析、知识产权的评估结论,进而提出水利科技成果下一步推广转化的方向建议。

经过多年靶向研究,珠科院形成多项核心技术和产品。近年来,在水利科技成果推广转化中开展了各项工作,成效明显。本专题选取涉及城市洪涝灾害防御、水资源调度、水环境治理和水生态修复、水土保持监测、水利工程动态监管、山洪灾害预警预报、水利工程动态监管的部分核心科技成果,开展水利科技成果推广转化情况的评估。

珠科院部分核心科技成果见表 7-9。

表 7-9　珠科院部分核心科技成果

序号	技术	产品	专业	对接业务需求
1	城市洪涝实时监测、模拟及防御技术	ZJ. NLJC-01 型一体化内涝监测设备、多因子关联大数据挖掘模型、通用性洪水演进模型 HydroMPM_FloodRisk	洪涝灾害防御、水利信息化	城市洪涝灾害防御、防洪排涝规划、防洪影响论证、洪水模拟分析与评价、洪水风险图编制、内涝风险图编制、城市洪涝预测预警、洪涝风险区划与动态评估等
2	水资源综合调度关键技术	基于并行计算的水库群洪枯季长短嵌套多目标综合调度模型	水文水资源	防洪调度、枯季水量调度、鱼类繁殖期水量调度、水库-闸泵群联合调度等
3	城镇水环境治理和水生态修复关键技术	整体观-平衡观-辩证观视域下的“水力控导+水质提升+水生态系统构建”三位一体的珠三角城镇水生态修复技术体系、水体收割收集多功能一体机、基于太阳能的智慧型水生态修复成套装置	水环境、水生态	河长制、湖长制考核技术支撑，水环境整治，水生态修复，河涌治理等

续表 7-9

序号	技术	产品	专业	对接业务需求
4	天地一体化立体监测技术	基于多尺度遥感的时空信息空天采集、基于便携型设备的时空信息现场快速采集、水土流失防治效果定量评价、生产建设项目水土保持监管信息系统	水利遥感	河湖生态空间管控、水政执法监督、水土保持监测、水土保持方案编制、水土保持方案验收等
5	山洪灾害监测预警关键技术	山洪灾害遥测终端、智慧型山洪灾害村级预警系统、水库下游洪水动态模拟与预警服务系统	洪涝灾害防御、水利信息化	山洪灾害的洪水预报预警、防汛业务等
6	水利工程动态监管系统	多通道水库动态监控装置、声波水位计、声波雨量计	水利信息化	水库(水电站)动态监管、大坝安全(渗流)监测、渠道流量监测、水库尾水水质监测等

7.3.1 城市洪涝实时监测、模拟及防御技术

7.3.1.1 水利科技成果简介

珠科院自主研发了一整套城市洪涝实时监测、模拟及防御技术,形成内涝智慧感知设备、内涝风险预测技术、洪水演进模型、洪灾实时预报预警系统等技术和产品。

其中,基于窄带物联网的内涝智慧感知设备(ZJ. NLJC-01 型一体化内涝监测设备)及基于大数据挖掘的内涝风险预测技术(多因子关联大数据挖掘模型),全程跟踪和预报了广州市“5·22”暴雨 10 个监测点的内涝积水过程,并对内涝风险进行预警,为城市管理部门提供了决策依据,为公众提供了出行指引,并在第一时间赶赴现场对黄埔区、增城区内涝成因进行分析,提出解决内涝灾害的对策与建议。

珠科院自主研发的适用于多种类型洪水的通用性洪水演进模型 HydroMPM_FloodRisk,突破了珠江流域复杂河网洪水、河口沿海风暴潮精准模拟难题,主要用于对洪涝风险区各种洪、潮、雨、涝进行模拟计算分析。在国产洪水模拟软件中率先实现了 GPU 并行计算,攻克了高精度建模下流域尺度洪水高速模拟技术瓶颈。首次建立了新安江模型流域蓄水容量与下垫面综合因子的非线性方程,构建了具有物理机制的半分布式 XAJ-CN 模型。研发了集实景建模-洪水预报-实时模拟-洪灾评估-动态展示于一体的洪水实时模拟与洪灾动态评估平台,提高了洪灾实时预报预警和应急决策能力。

该项洪涝实时监测、模拟及防御科技成果获得 2019 年中国大坝工程学会科学技术奖一等奖。本项科技成果成功应用于深圳惠州市西枝江流域实施洪水预报系统、深圳市防洪(潮)排涝规划(2021—2035 年)中,获得业主和专家组的高度评价和认可。本项科技成果可应用于涉水工程防洪影响论证、洪水模拟分析与评价、

洪水风险图编制、内涝风险图编制、城市洪涝预测预警、洪涝风险区划与动态评估。已被珠江流域、黄河流域、松辽流域及广东、广西、湖北、海南等防汛主管部门广泛应用于防洪减灾决策，应用项目100余项，合同额达2亿元，社会效益显著。

7.3.1.2　水利科技成果推广转化后评估

城市洪涝实时监测、模拟及防御技术推广转化评估打分见表7-10。

7.3.1.3　未来推广转化建议

从水利科技成果推广转化后评估赋分情况来看，该项水利科技成果总评分95分，整体推广转化情况良好。其中，技术水平26分（满分28分），整体处于国际领先水平；效益分析52分（满分52分），被水行政主管部门、用户等采纳，提供了有效的问题解决方案，并取得显著的经济效益和社会效益；知识产权7分（满分10分），取得多项知识产权，并获得中国大坝学会科学技术奖一等奖，尚未取得专利奖、发明奖。

建议：继续加大技术研发力度，结合主管部门和用户的实际需求，加强如下科研攻关方向：城市群精细化实时洪水预报大数据挖掘技术、高度城镇化区域内涝预警预报关键技术、河口风暴潮预警技术等，并继续开发已有软件的其他功能模块；根据研发最新进展情况，及时申请升级版软件的知识产权保护；申报发明奖或专利奖；申请创新团队。

7.3.2　水资源综合调度关键技术

7.3.2.1　水利科技成果简介

经过多年研究，珠科院提出水库、堤防工程扰动下的洪水演进参数辨识方法，融合了统计分析、水动力耦合模拟等多技术手段，分级量化了西江上游水库建设前后洪水传播时间，精细化描述了中下游洪水出槽、回归的物理过程；基于防洪调度模型研究了珠江

表 7-10　城市洪涝实时监测、模拟及防御技术推广转化评估

一级指标	二级指标	等级	等级说明	赋分值	支撑材料
合计				95	
技术水平（28 分）	技术先进性（7 分）	第七级	在国际范围内，该成果的核心指标值领先于该领域其他类似技术的相应指标	7	科学技术成果评价报告（大坝学（评）字〔2019〕第 11 号）：该项成果整体达到国际领先水平
	技术成熟度（13 分）	十三级	收回投入稳赚利润	13	技术服务合同：前期投入 1 000 万元，累计合同额超 2 亿元
	技术创新性（8 分）	第三级	水利科技成果的技术创新点在国际范围内，在某个应用领域中检索不到	6	查新报告
效益分析（52 分）	被采纳程度（18 分）	第三级	水利科技成果被主管部门/用户完全采纳，用户满意度/体验感受良好，直接对接日常业务需求，准确完整地提供解决问题的方案	18	应用及经济效益证明：珠江防总办、广东省三防办、海南省水务厅、广西区防办、湖北省防办、松辽委防办、黄委防御局
	经济效益（20 分）	第三级	已产生或可能产生的经济价值显著，从已有或潜在的市场规模、市场竞争、营业收入、与前期投入的对比等方面分析，经济效益非常突出	20	应用及经济效益证明：前期投入 1 000 万元，累计合同额超 2 亿元。已有累计销售收入/技术服务收入是前期投入的 10 倍以上
	社会效益（14 分）	第三级	水利科技成果的推广转化，分析其对科学与生产力发展的影响，对污染物与废弃物排放的影响，对生态环境的影响，正面影响显著	14	应用及经济效益证明：提供了洪水管理的新理念、新思路、新方法，保障了人民群众的生命及财产安全，具有广泛的社会效益和环境效益

续表 7-10

一级指标	二级指标	等级	等级说明	赋分值	支撑材料
知识产权（20 分）	专利布局（10 分）	第三级	知识产权现在的价值和未来的价值增长潜力显著，水利科技成果对应的知识产权保护良好，整体专利取得情况良好，具备核心技术竞争力	10	各项子科技成果获得发明专利 2 项，软件著作权 11 项，“洪水风险分析软件 HydroMPM－FloodRisk”进入国家防总办《全国重点地区洪水风险图编制项目可选软件目录》；“基于高速计算的洪涝风险模拟与动态评估技术”入选《雄安新区水资源保障能力技术支撑推荐短名单》防灾减灾领域成熟适用技术
	专利的时效性（6 分）	第三级	所取得的知识产权在有效期内	6	专利信息：专利均在有效期内
	专利奖（4 分）	第一级	所取得的知识产权尚未获得专利奖、发明奖等奖项	1	尚未获得专利奖、发明奖

干支流系统性洪水类型,提出了多节点洪水类型动态识别与防洪调度联动的策略、方法与优化规则;构建了基于并行计算的水库群洪枯季长短嵌套多目标综合调度模型,并提出了西江干流骨干水库群汛末蓄水方式;创建了多动力、多物质场耦合作用下的感潮网河区闸泵群联合调度模式,充分考虑了闸泵调控下的内外江动力、物质实时交互过程,建立了多目标、多约束闸泵群调度模型,实现了复杂感潮网河区面向水环境改善、抑咸供水的精细化调度。

成果获得2017年大禹水利科学技术奖一等奖。针对流域水文变异规律辨识、水库群洪枯季全要素调度和三角洲内外江交互作用下的闸泵群多目标调度三大关键问题,开展的珠江流域骨干水库-闸泵群综合调度成套关键技术已被水利部、珠委、广东省应用于防洪、水资源调度工作,并在龙滩、岩滩、长洲等水利枢纽运行调度中实际应用,取得了显著的经济社会效益,推广应用前景广阔。

7.3.2.2　水利科技成果推广转化后评估

水资源综合调度关键技术推广转化评估打分见表7-11。

7.3.2.3　未来推广转化建议

从水利科技成果推广转化后评估赋分情况来看,该项水利科技成果总评分80分,整体推广转化情况待加强。其中,技术水平21分(满分28分),整体处于国内领先水平;效益分析42分(满分52分),被水行政主管部门等采纳,提供了有效的问题解决方案,并取得了显著的经济效益和社会效益;知识产权7分(满分10分),取得多项知识产权,并获得大禹水利科学技术奖一等奖,尚未取得专利奖、发明奖。

建议:结合水资源供需矛盾突出的问题,继续加大技术研发力度,提出如下科研攻关方向:流域非常规水源利用潜力与参与调度的方案分析、水资源承载力约束下的西江、背景、东江三江水资源联动统一调度关键技术,“以水定产”的流域产业需求下的水资源

表 7-11　水资源综合调度关键技术推广转化评估

一级指标	二级指标	等级	等级说明	赋分值	支撑材料
技术水平（28 分）	技术先进性（7 分）	第四级	在国内范围内，该成果的核心指标值达到该领域其他类似技术的相应指标	7	科学技术成果评价报告（中水学（评）字〔2017〕第 10 号）
	技术成熟度（13 分）	第九级	实际通过任务运行的成功考验	9	科学技术成果评价报告（中水学（评）字〔2017〕第 10 号）
	技术创新性（8 分）	第二级	水利科技成果的技术创新点在国内范围内，在所有应用领域中都检索不到	5	查新报告
效益分析（52 分）	被采纳程度（18 分）	第三级	水利科技成果被主管部门/用户完全采纳，用户满意度/体验感受良好，直接对接日常业务需求，准确完整提供解决问题的方案	18	中国水利学会优秀论文；应用及效益证明：广东省防汛防旱防风总指挥部、龙滩水电开发有限公司龙滩水力发电厂、大唐岩滩水力发电有限责任公司
	经济效益（20 分）	第二级	已产生或可能产生的经济价值明显，从已有或潜在的市场规模、市场竞争、营业收入、与前期投入的对比等方面分析，经济效益明显	10	应用及效益证明：广东省防汛防旱防风总指挥部、龙滩水电开发有限公司龙滩水力发电厂、大唐岩滩水力发电有限责任公司

续表 7-11

一级指标	二级指标	等级	等级说明	赋分值	支撑材料
效益分析（52分）	社会效益（14分）	第三级	水利科技成果的推广转化,分析其对科学与生产力发展的影响,对污染物与废弃物排放的影响,对生态环境的影响,正面影响显著	14	应用及效益证明:在珠江流域枯季水量调度、流域防汛减灾、河涌水质改善等工作中,社会效益、生态效益显著
知识产权（20分）	专利布局（10分）	第三级	知识产权现在的价值和未来的价值增长潜力显著,水利科技成果对应的知识产权保护良好,整体专利取得情况良好,具备核心技术竞争力	10	专利信息:成果取得9项发明专利,9项实用新型专利
	专利的时效性（6分）	第三级	所取得的知识产权在有效期内	6	专利信息:所获得专利均在有效期内
	专利奖（4分）	第一级	所取得的知识产权尚未获得专利奖、发明奖等奖项	1	—

调度应急方案;流域生态调度和枯季水量调度的衔接;加强市场集中推广力度和成果宣传力度,进一步适应流域和地方快速发展的多目标需求;根据研发最新进展情况,及时申请知识产权保护;申请创新团队。

7.3.3 城镇水环境治理和水生态修复关键技术

7.3.3.1 水利科技成果简介

提出整体观-平衡观-辩证观视域下的“水力控导+水质提升+水生态系统构建”三位一体的珠三角城镇水生态修复技术体系,并研发多项水环境治理和水生态修复技术。围绕水生态修复工程的目标、设计和优化三个层次,开展珠三角城镇河湖健康评估、水生态修复技术研发、工程优化和决策支持系统研究。开展了系列水环境治理及水生态修复技术和产品研究,包括水力控导技术、好氧反硝化菌脱氮技术、聚氨酯基高效生物载体技术、沉箱式生物处理技术、浮岛式生物处理技术、多廊道生态过滤技术、菌种繁殖播撒技术等;研发包含溶解氧平衡系统、浮游植物生长系统、氮/磷循环系统,且能够耦合模拟底泥污染物释放过程、水生态工程去污过程和修复水体污染物迁移转化过程的水生态数学模型,并创建基于数值模拟的水生态修复工程优化和决策支持系统。最后,从区域层面出发,提出适用于珠三角城镇内河感潮河网、感潮河涌、感潮湖塘、封闭水体和点源污染五种水生态修复模式,并开展工程示范。

自主研发了水体收割收集多功能一体机,主要可用于景观湖塘、水库、河涌等水体水生态修复及日常维护,具有体积小、质量轻、操作灵活、功能多样、环保节能、智能防盗等功能。已经成功应用于佛山市南海区、汕头市潮南区练江峡山大溪的景观水体水绵和水面漂浮物打捞工作中,提升了水体打捞工作效率,满足了不同水体维护和河长制、湖长制考核工作要求。

自主研发了基于太阳能的智慧型水生态修复成套装置，融合了水质实时监测、水力导控、低功耗控制等关键水生态修复技术，在佛山市禅城区石湾镇街道深村涌生态治理项目和暨南大学华文学院龙湖生态治理工程应用中，装置根据水体水质参数自动调节运行控制方式，显著提升了水体活力，高效复氧了底层水体，对工程治理后的水质维持和持续性水生态修复产生了较好的效果，实现了水质的良性循环。

成果获得2015年和2017年大禹水利科学技术奖二等奖。研究成果在珠三角地区（包括澳门）的70余项水环境整治和水生态修复工程中得到应用，合同额达8 000余万元，节约生态修复成本25%，产生了显著的社会经济效益和生态环境效益，获澳门港务局、广州水务局、深圳水务局、珠海水务局、中山水务局、佛山水务局、东莞水务局等水利主管部门及其他用户的一致好评。

7.3.3.2　水利科技成果推广转化后评估

城镇水环境治理和水生态修复关键技术推广转化评估打分见表7-12。

7.3.3.3　未来推广转化建议

从水利科技成果推广转化后评估赋分情况来看，该项水利科技成果总评分94分，整体推广转化情况良好。其中，技术水平25分（满分28分），整体处于国际先进水平；效益分析52分（满分52分），被水行政主管部门、用户等采纳，提供了有效的问题解决方案，并取得显著的经济效益和社会效益；知识产权17分（满分20分），取得多项知识产权，并获得大禹水利科学技术奖二等奖2项，广东省科学技术进步奖1项，尚未取得专利奖、发明奖。

建议：结合新时期“四大”水问题和河湖长制的技术支撑要求，继续加大技术研发力度，除提供水生态修复和水环境治理的解决方案外，集中研发小微水体水质提升的水上智能机器人、黑臭底泥的理化固化与无害化技术、藻华应急处理和长效治理技术等的

表 7-12 城镇水环境治理和水生态修复关键技术推广转化评估

一级指标	二级指标	等级	等级说明	赋分值	支撑材料
合计				94	
技术水平（28 分）	技术先进性（7 分）	第六级	在国际范围内，该成果的核心指标值达到该领域其他类似技术的相应指标	6	科学技术成果鉴定证书（鉴字〔2015〕第 2021 号）：项目成果总体上达到国际先进水平，在感潮河网水生态修复技术方面达到国际领先水平
	技术成熟度（13 分）	十三级	收回投入稳赚利润	13	前期研发投入近 500 万元，技术服务合同额 8 000 余万元
	技术创新性（8 分）	第三级	水利科技成果的技术创新点在国际范围内，在某个应用领域中检索不到	6	查新报告
效益分析（52 分）	被采纳程度（18 分）	第三级	水利科技成果被主管部门/用户完全采纳，用户满意度/体验感受良好，直接对接日常业务需求，准确完整地提供解决问题的方案	18	应用及效益证明：成果在澳门、广州、深圳、佛山、东莞、中山、珠海等地 70 余项水环境整治和水生态修复工程中得到了应用，产生了显著的社会经济效益和生态环境效益

续表 7-12

一级指标	二级指标	等级	等级说明	赋分值	支撑材料
效益分析（52 分）	经济效益（20 分）	第三级	已产生或可能产生的经济价值显著，从已有或潜在的市场规模、市场竞争、营业收入、与前期投入的对比等方面分析，经济效益非常突出	20	应用及效益证明：前期研发投入近 500 万元，技术服务合同额 8 000 余万元。成果在澳门、广州、深圳、佛山、东莞、中山、珠海等地 70 余项水环境整治和水生态修复工程中得到了应用，产生了显著的社会经济效益和生态环境效益
	社会效益（14 分）	第三级	水利科技成果的推广转化，分析其对科学与生产力发展的影响，对污染物与废弃物排放的影响，对生态环境的影响，正面影响显著	14	应用及效益证明：成果在澳门、广州、深圳、佛山、东莞、中山、珠海等地 70 余项水环境整治和水生态修复工程中得到了应用，产生了显著的社会经济效益和生态环境效益

续表 7-12

一级指标	二级指标	等级	等级说明	赋分值	支撑材料
知识产权（20分）	专利布局（10分）	第三级	知识产权现在的价值和未来的价值增长潜力显著,水利科技成果对应的知识产权保护良好,整体专利取得情况良好,具备核心技术竞争力	10	专利信息:成果取得发明专利3项,实用新型专利2项,软件著作权1项,水利先进实用技术推广证书2项
	专利的时效性（6分）	第三级	所取得的知识产权在有效期内	6	专利信息:专利均在有效期内
	专利奖（4分）	第一级	所取得的知识产权尚未获得专利奖、发明奖等奖项	1	—

成套设备或产品,并进行推广;加大本项科技成果和后续研发成果在各类示范点的集成应用;根据研发最新进展情况,及时申请知识产权保护和新产品鉴定;申报发明奖或专利奖;申请创新团队。

7.3.4　“天地一体化”立体监测技术

7.3.4.1　水利科技成果简介

针对当前生产建设项目水土保持监管缺乏信息化技术和工具支撑的关键难题,通过对监管需求和对象信息特征的深入研究,构建深度解析监管对象的多层次、多维度时空信息模型,提出生产建设项目时空信息“天地一体化”快速定量采集、分析、管理等关键技术,包括基于多尺度遥感的时空信息空天采集、基于便携型设备的时空信息现场快速采集、水土流失防治效果定量评价等技术,并提出涵盖时空信息采集、分析和管理的“天地一体化”监管技术体系与流程,建成生产建设项目水土保持监管信息系统,为实现“全覆盖、高频次、精细化、高度协同、规范化”生产建设项目水土保持监管目标提供技术和工具支撑。

自 2011 年以来,各级部门投资超过 2 000 万元用于本项科技成果前期研发,参与前期研发的技术人员超过 80 人。

珠科院通过与水利部水土保持司和水利部水土保持监测中心协作,组织将“天地一体化”立体监测技术转化应用于全国生产建设项目水土保持信息化监管工作。具体转化过程如下:

(1)2015~2016 年,项目成果在全国 7 个流域机构和 31 个省级机构的 38 个示范县 20 余万 km^2 开展示范应用。

(2)2017~2018 年,项目成果在全国 253.9 万 km^2 共 1 128 个县级行政区推广应用。

(3)2017~2018 年,项目成果应用于 7 大流域机构开展的部管生产建设项目水土保持监管,实现全国部管在建项目监管全覆盖。

截至 2019 年底,在全国 10 余个省(自治区)开展本项科技成果推广转化工作,签署合同数十项,获得的成果转化直接收益超过7 793 万元。

本项科技成果全面应用全国范围内的生产建设项目水土保持监管领域。2015 年以来,实现了全国全部水利部批复的在建项目监管全覆盖和全国积累 300 多万 km^2 范围在生产建设项目监管的区域全覆盖。2019 年起,应用本项技术在全国 960 万 km^2 每年至少开展 1 次在建项目监管全覆盖。

7.3.4.2　水利科技成果推广转化后评估

"天地一体化"立体监测技术推广转化评估打分见表 7-13。

7.3.4.3　未来推广转化建议

从水利科技成果推广转化后评估赋分情况来看,该项水利科技成果总评分 86 分,整体推广转化情况良好。其中,技术水平 22 分(满分 28 分),整体处于国际先进水平;效益分析 52 分(满分 52 分),被水行政主管部门、用户等采纳,提供了有效的问题解决方案,并取得显著的经济效益和社会效益;知识产权 12 分(满分 20 分),已经取得专利等知识产权,各项技术正在申请知识产权保护,并获得大禹水利科学技术奖三等奖 2 项,尚未取得专利奖、发明奖。

建议:结合"水利工程补短板、水利行业强监管"水利改革发展总基调和河湖长制的技术支撑要求,继续加大技术研发力度,加强成果宣传,继续做好成果推广工作;及时申请知识产权保护和新产品鉴定;申报发明奖或专利奖;申请创新团队。

7.3.5　山洪灾害监测预警关键技术

7.3.5.1　水利科技成果简介

珠科院长期致力于山洪灾害监测预警关键技术研究和产品研发。自主研发的山洪灾害遥测终端支持水位、雨量、图像、风速、风

表 7-13　“天地一体化”立体监测技术推广转化评估

一级指标	二级指标	等级	等级说明	赋分值	支撑材料
合计				86	
技术水平（28分）	技术先进性（7分）	第六级	在国际范围内，该成果的核心指标值达到该领域其他类似技术的相应指标	6	科学技术成果评价报告（中水学（评价）字〔2019〕第12号）：与国内外同类技术相比，本技术在生产建设项目水土保持监管对象复杂信息的采集分析关键技术、技术集成、信息系统等方面具有先进性
	技术成熟度（13分）	十三级	收回投入，稳赚利润	13	—
	技术创新性（8分）	第一级	水利科技成果的技术创新点在国内范围内，在某个应用领域中检索不到	3	
效益分析（52分）	被采纳程度（18分）	第三级	水利科技成果被主管部门/用户完全采纳，用户满意度/体验感受良好，直接对接日常业务需求，准确完整地提供解决问题的方案	18	—

续表 7-13

一级指标	二级指标	等级	等级说明	赋分值	支撑材料
效益分析（52 分）	经济效益（20 分）	第三级	已产生或可能产生的经济价值显著，从已有或潜在的市场规模、市场竞争、营业收入、与前期投入的对比等方面分析，经济效益突出	20	应用及效益证明；科学技术成果评价报告（中水学（评价）字〔2019〕第 12 号）：采用该技术节省监管经费 8 780.1 万元；技术咨询和服务合同额累计超 8 000 万元
	社会效益（14 分）	第三级	水利科技成果的推广转化，分析其对科学与生产力发展的影响，对污染物与废弃物排放的影响，对生态环境的影响，正面影响显著	14	应用及效益证明；科学技术成果评价报告（中水学（评价）字〔2019〕第 12 号）：经济效益、社会效益、生态效益显著；遏制了人为水土流失对社会、环境的影响，保护了人民生命财产安全，产生了良好的社会效益；有效防控水土流失风险，大幅度降低了流入江河湖库的泥沙量，减少水土流失对耕地、江河湖库、植被等资源的破坏，保护了生态环境资源

续表 7-13

一级指标	二级指标	等级	等级说明	赋分值	支撑材料
知识产权（20 分）	专利布局（10 分）	第二级	知识产权现在的价值和未来的价值增长潜力较好，水利科技成果对应的知识产权保护较好，整体专利取得情况较好	5	成果获发明专利 5 项，实用新型专利 2 项，软件著作权 1 项，水利先进实用技术推广证书 1 项
	专利的时效性（6 分）	第三级	所取得的知识产权在有效期内	6	专利均在有效期内
	专利奖（4 分）	第一级	所取得的知识产权尚未获得专利奖、发明奖等奖项	1	尚未获得专利奖、发明奖

向、土壤含水量、蒸发量等多要素监测，针对山洪监测站点所处位置偏远、自然环境恶劣的特殊性，采用 GPRS 作为主信道，北斗卫星作为备用信道，支持太阳能及风能供电，无须敷设电缆线，即可直接在野外安装。自主研发的智慧型山洪灾害村级预警系统可通过多种渠道多种方式及时发布山洪灾害预警信息，保障预警可靠发布和及时发布。最新研发的水库下游洪水动态模拟与预警服务系统，通过水利智慧感知、高精度预报模型、水库群联合调度、实景三位洪水模拟、智能预警体系等关键技术集成，实现了水库调度在线决策，成功支撑了海南省三防业务需求。本成果中的 24 G 雷达水位、流速非接触测定传感器、北斗卫星数据透传装置、移动巡检系统等产品微功耗、工业级电子元器件、高防护等级外壳、卓越防水性能等特点，非常适用于野外高温高湿的恶劣条件下长期应用。应用多链路通信技术，保障了监测预警信息的可靠传输，利用预警广播、北斗终端、户外大屏幕、微信、短信等多种手段实现了全方位立体式的预警发布，实现了预警到村、预警到户、预警到人，真正做到可靠预警。

山洪灾害监测预警关键技术累计投入研发资金近 1 000 万元，研究开发团队包括信息化、水文水资源、自动化、地图学与地理信息系统等各类专业人才近 60 人。转化方式主要为依托本山洪灾害监测预警关键技术对外承接技术开发、技术咨询和技术服务。依托山洪灾害监测预警关键技术对外承接技术开发、技术咨询和技术服务合同金额累计近 3 亿元，累计到账金额 2.4 亿元。

通过山洪灾害监测预警关键技术，为山洪灾害的洪水预报提供了丰富数据来源，有效提高了危险区的山洪灾害监测预警能力，提高了数据的可靠性和时效性，为各级防汛抗旱指挥部门的防灾减灾工作提供数据支撑、设备支持和决策支持，为山洪危险区人民群众避洪转移提供宝贵的时间，显著减少了人民群众生命财产损失。

7.3.5.2 水利科技成果推广转化后评估

山洪灾害监测预警关键技术推广转化评估打分见表7-14。

7.3.5.3 未来推广转化建议

从水利科技成果推广转化后评估赋分情况来看,该项水利科技成果总评分84分,整体推广转化情况较好。其中,技术水平21分(满分28分),整体处于国内领先水平;效益分析46分(满分52分),被水行政主管部门、用户等采纳,提供了有效的问题解决方案,并取得显著的经济效益和较好的社会效益;知识产权17分(满分20分),取得多项知识产权,并获得海南省科学技术奖,取得水利部新产品鉴定证书,尚未取得专利奖、发明奖。

建议:结合新时期水灾害防御的技术支撑要求,继续加大技术研发力度,加强核心技术产品参数提升和更新换代,集中研发基于物联网、AI、大数据的水利智慧化监管技术,并进行推广;申报发明奖或专利奖;申请创新团队。

7.3.6 水利工程动态监管系统

7.3.6.1 水利科技成果简介

水利工程动态监管系统的主要功能是将水利工程现场的水位、降水量、实时现场图像、水质、闸门状态乃至大坝安全等信息加密后实时或定时动态地传输到管理部门的服务器,经解密校验后自动存入后台数据库,并由水利工程动态监管及预警系统对数据进行管理、查询、显示和预警。本技术突破信息采集、传输与预警方面的技术瓶颈,以高度集成的方案解决了水利工程量多、分散、信息采集困难的难题,满足了水利工程动态监测的特殊需求,为防汛抗旱、水资源管理及水利工程管理等提供有效技术支持。

水利工程动态监管系统2007年3月立项开始研究。经过长期的试验对比和研制,从投入式压力水位计和翻斗式雨量计转而进行声波水位计和声波雨量计的研制。与此同时，也对防雷技术

表 7-14　山洪灾害监测预警关键技术推广转化评估

一级指标	二级指标	等级	等级说明	赋分值	支撑材料
合计				84	
技术水平（28 分）	技术先进性（7 分）	第五级	在国内范围内，该成果的核心指标值领先于该领域其他类似技术的相应指标	5	成果鉴定意见：综合指标达到了国内领先水平
	技术成熟度（13 分）	十三级	收回投入，稳赚利润	13	成果鉴定意见：产品符合国家和行业相关标准，具备了批量生产的条件。在海南省、广东省建设山洪灾害监测预警站点 3 000 余个，合同额逾 4 亿元
	技术创新性（8 分）	第一级	水利科技成果的技术创新点在国内范围内，在某个应用领域中检索不到	3	查新报告
效益分析（52 分）	被采纳程度（18 分）	第三级	水利科技成果被主管部门/用户完全采纳，用户满意度/体验感受良好，直接对接日常业务需求，准确完整地提供解决问题的方案	18	在 2018 年博鳌论坛期间，海南省山洪灾害监测预警系统平台受到习近平总书记的高度认可和肯定。工程用户意见：提高了民众的山洪灾害防御意识，扩大了预警及宣传信息的覆盖范围，为群测群防体系提供了新的思路

续表 7-14

一级指标	二级指标	等级	等级说明	赋分值	支撑材料
效益分析（52 分）	经济效益（20 分）	第三级	已产生或可能产生的经济价值显著，从已有或潜在的市场规模、市场竞争、营业收入、与前期投入的对比等方面分析，经济效益非常突出	20	已有累计销售收入/技术服务收入是前期投入的 10 倍以上，在海南省、广东省建设山洪灾害监测预警站点 3 000 余个，合同额逾 4 亿元
	社会效益（14 分）	第二级	水利科技成果的推广转化，分析其对科学与生产力发展的影响，对污染物与废弃物排放的影响，对生态环境的影响，正面影响明显	8	工程用户意见：提高了民众的山洪灾害防御意识，扩大了预警及宣传信息的覆盖范围，为群测群防体系提供了新的思路
知识产权（20 分）	专利布局（10 分）	第三级	知识产权现在的价值和未来的价值增长潜力显著，水利科技成果对应的知识产权保护良好，整体专利取得情况良好，具备核心技术竞争力	10	专利信息：成果取得发明专利 3 项，实用新型专利 5 项，软件著作权 5 项，水利先进实用技术推广证书 5 项，水利部新产品鉴定证书 1 项
	专利的时效性（6 分）	第三级	所取得的知识产权在有效期内	6	专利均在有效期内
	专利奖（4 分）	第一级	所取得的知识产权尚未获得专利奖、发明奖等奖项	1	尚未获得专利奖、发明奖

进行深入研究，提出并试验成功一种隔绝式防雷系统，进而完善了一套新型的、基于声波技术的水利工程动态监管系统。经过实验室的研制、测试，又经过水文部门的检测，最终于 2011 年开始面向市场推出了这套系统。基于声波技术的动态监管系统在推广之初，主要应用对象是小型水库。但很快发现它不仅适应于水库，同样适用于河道、泵站、水闸等水利工程的动态监测，甚至也适用于排水系统的流量监测。同时，通过产品改进，将高精度的水位测量应用于大坝安全(渗流)以及渠道流量监测，并进一步研发了五参数水质监测终端，对水库及河道水质进行监测。

水利工程动态监管系统集成了多通道水库动态监控装置、声波式水位计、声波式雨量计等三个中国优秀专利技术。自投入生产以来，累计产量 25 000 套，实现销售额 63 263 万元，利润约为 7 443 万元。本系统已经在广东、广西、江西、湖南、贵州、四川、安徽、河南等省(区)得到了广泛的应用，在全国 17 个省的 140 个市、802 个县的 21 000 余宗水利工程共安装了 24 809 套动态监管系统，在泰国、越南以赠送方式安装了 5 套，目前主要应用于水库、河道、水闸、排涝渠、泵站等水利工程的水雨情、工情、气象、水质等方面的在线监测。水利工程动态监管系统的实施，可以提高工程安全保障，增强上下游的防灾减灾能力，减少灾害损失，从而产生巨大的间接经济效益。目前，正在对产品进行升级完善，并申请第三方产品测试和软件产品备案。

7.3.6.2 水利科技成果推广转化后评估

水利工程动态监管系统推广转化评估打分见表 7-15。

7.3.6.3 未来推广转化建议

从水利科技成果推广转化后评估赋分情况来看，该项水利科技成果总评分 88 分，整体推广转化情况良好。其中，技术水平 22 分(满分 28 分)，整体处于国际先进水平，专项技术处于国际领先水平；效益分析 46 分(满分 52 分)，被水行政主管部门、用户等采

表 7-15　水利工程动态监管系统推广转化评估

一级指标	二级指标	等级	等级说明	赋分值	支撑材料
合计				88	
技术水平（28 分）	技术先进性（7 分）	第六级	在国际范围内，该成果的核心指标值达到该领域其他类似技术的相应指标	6	科技成果鉴定报告：总体达到国际先进水平，在声波水位计和雨量计测量技术方面达到国际领先水平
	技术成熟度（13 分）	十三级	收回投入，稳赚利润	13	在全国 17 个省份 17 000 余项水利工程（水库、河道、水闸、水电站、泵站等）项目中成功安装实施，并提供了可靠实时数据
	技术创新性（8 分）	第一级	水利科技成果的技术创新点在国内范围内，在某个应用领域中检索不到	3	查新报告
效益分析（52 分）	被采纳程度（18 分）	第三级	水利科技成果被主管部门/用户完全采纳，用户满意度/体验感受良好，直接对接日常业务需求，准确完整地提供解决问题的方案	18	在全国 17 个省份 17 000 余项水利工程（水库、河道、水闸、水电站、泵站等）项目中成功安装了 25 000 多套，用户体验良好

续表 7-15

一级指标	二级指标	等级	等级说明	赋分值	支撑材料
效益分析（52 分）	经济效益（20 分）	第三级	已产生或可能产生的经济价值显著,从已有或潜在的市场规模、市场竞争、营业收入、与前期投入的对比等方面分析,经济效益非常突出	20	在全国 17 个省 21 000 座水库共安装了 25 000 多套,市场占有率 70%
	社会效益（14 分）	第二级	水利科技成果的推广转化,分析其对科学与生产力发展的影响,对污染物与废弃物排放的影响,对生态环境的影响,正面影响明显	8	科技成果鉴定报告:提高工程安全保障,增强上下游的防灾减灾能力,减少灾害损失,从而产生巨大的社会效益
知识产权（20 分）	专利布局（10 分）	第三级	知识产权现在的价值和未来的价值增长潜力显著,水利科技成果对应的知识产权保护良好,整体专利取得情况良好,具备核心技术竞争力	10	成果取得发明专利 5 项,实用新型专利 10 项,获中国专利优秀奖 3 项,水利部新产品鉴定 3 项
	专利的时效性（6 分）	第三级	所取得的知识产权在有效期内	6	专利均在有效期内
	专利奖（4 分）	第二级	所取得的知识产权获得专利奖、发明奖等奖项	4	—

纳,提供了有效的问题解决方案,并取得显著的经济效益和较好的社会效益;知识产权 20 分(满分 20 分),取得多项知识产权,并获得大禹水利科学技术奖三等奖 1 项,中国专利优秀奖 2 项,水利部新产品鉴定 3 项。

建议:结合"水利工程强监管、水利行业补短板"的水利改革发展总基调,结合新时期"四大"水问题和河湖长制的技术支撑要求,继续加大技术研发力度,研发基于大数据和 AI 的设备或产品,并进行产品更新换代;申请第三方产品测试和软件产品备案;申报发明奖;申请创新团队。

第 8 章　主要结论

按照“厘清现状—分析形势—预测前景—明确战略—强化措施”的技术路线，采用资料收集、实地调研、问卷调查、统计分析等方式方法，系统开展水利科技推广转化支撑保障研究，取得如下主要结论：

（1）明晰了水利科技成果、水利科技成果转化的相关概念内涵。在此基础上，结合水利科技转化过程特性，提出了适宜水利行业的科技成果转化率界定规则和计算方法，即（已转让发明专利数+形成市场收益的应用类科技项目数）/（发明专利总数+完成验收的科技项目总数），并以黄河水利科学研究院为典型案例，计算近年来水利科技成果转化率为 30.80%。

（2）从政策、体系、机制、投入、人才、平台等方面剖析了水利科技推广转化现状，厘清了水利科技推广转化工作发展所面临的问题和不足，得到了“水利科技推广转化尚不能较好地满足水利改革发展需求”的重要认识。水利科技成果转化水平稳步提升，推广效益不断显现，实现年产值近 10 亿元。但目前“重研发、轻应用，重成果、轻推广”的观念仍不同程度存在，转化渠道不畅的问题仍然存在，部属各科研机构年科技成果推广转化合同收入不足科技服务总合同收入的 1%；水利科技推广转化体系初步建立，但科技推广机构尚不健全（尤其是基层），人员配备不足，推广专业化平台建设稍显薄弱，政策落实覆盖度不高，科技成果与水利生产实践尚未完全实现精准对接。

（3）研判了水利科技推广转化面临的新形势，分析了新时代中国特色水利现代化建设、国家创新驱动发展战略、水利改革发展总基调、水利科技工作重心调整以及人民群众日益向往的美好生活对水利科技推广转化工作的新要求。

(4)全面梳理了影响水利科技成果转化的主要因素,构建了水利科技成果转化影响指标体系(双层16个指标),并对我国水利科技成果转化的影响因素进行了评估。结果发现,对水利科技成果转化过程影响作用最大的是科技成果,其权重系数为0.497 6,其次是人才因素和政策因素,权重系数分别为0.241 6和0.183 6。

(5)提出了水利科技推广转化工作的近期(2025年)、中期(2035年)和远期(2050年)目标,并明确了近期重点任务。其中,2025年各方共同参与、协力推进的水利科技推广工作格局基本形成,在重点领域推广运用500项左右先进实用水利科技成果;2035年建成自上而下的水利科技推广组织体系,形成完善的常态化水利成果转化战略研究机制、水利成果转化管理人才培养和激励机制等,推广运用1 000项左右先进实用水利科技成果,满足水利各领域生产实践的需求;2050年全面满足水治理体系和治理能力现代化的实际需求。

(6)提出了针对现有水利科技成果转化体制机制的改进思路和措施,并从政策、制度、人才、资金、平台、激励等六个方面提出了细致且具有较强操作性的水利科技成果转化支撑保障机制。在此基础上,编写了《水利部促进科技成果转化管理办法(建议稿)》。

(7)探索提出了面向水利行业的科技成果转化后评估方法体系,包含技术水平、效益分析、知识产权3个一级指标和技术先进性、技术成熟度、技术创新性、被采纳程度、经济效益、社会效益、专利布局、专利的时效性、专利奖9个二级指标,可用于对水利科技推广转化的质量、贡献、绩效进行评估,并以珠科院“城市洪涝实时监测、模拟及防御技术”等六项核心技术为典型案例,开展了水利科技成果转化后评估应用研究,给出了相应的建议措施。

参考文献

[1] 吴寿仁. 科技成果转化疑解[M].上海：上海科学普及出版社,2018.

[2] 吴寿仁. 科技成果转化政策导读[M].上海:上海交通大学出版社,2019.

[3] 胡德胜. 浅议科技成果转化率概念的界定及统计[J].科学学与科学技术管理, 1992, 13(8)：25-26,51.

[4] 王元地. 科技成果转化的经济学分析[J].科技成果纵横,2004(1)：27-29.

[5] 张雨. 农业科技成果转化率测算方法分析[J].农业科技管理, 2003, 25(3)：36-39.

[6] 张美书, 吴洁. 略论我国高校科技成果转化率低的原因及对策选择[J]. 金融教育研究, 2008(1)：109-111.

[7] 程波. 我国高校科技成果转化率的研究[D].重庆:重庆大学,2007.

[8] 赵蕾, 林连升, 杨宁生, 等. 综合评价方法在中国水产科学研究院科技成果转化率研究中的应用构想[J]. 科技管理研究, 2011(6)：49-52.

[9] 常立农. 正确看待科技成果转化率[J]. 科学经济社会, 2013, 31(3)：170-172.

[10] 刘大海, 李晓璇, 王春娟, 等. 海洋科技成果转化率测算与预测研究[J]. 海洋经济, 2015(2)：19-23.

[11] 沈健. 中国科技成果转化率与美国差距有多大,问题在哪里?. [R]北京：中国人民大学, 2019.

[12] 水利部国际合作与科技司. 水利科技统计年度报告[R]. 北京,水利部,2019.

[13] 水利部科技推广中心. 水利部部属科研机构科技成果转化年度总结报告[R]. 北京,水利部,2019.

[14] 马治海. 我国科技成果转化的影响因素分析及对策建议[J]. 产业与

科技论坛, 2015, 14(23): 9-10.

[15] 吕耀平, 吴寿仁, 劳沈颖, 等. 我国科技成果转化的障碍与对策探讨[J]. 中国科技论坛, 2007(4): 32-35.

[16] 张丹,刘虹妍,沈阳,等. 高校科技成果转化影响因素研究与展望[J]. 中国高校科技,2018(3):75-78.

[17] 郭强, 夏向阳, 赵莉. 高校科技成果转化影响因素及对策研究[J]. 科技进步与对策, 2012(6): 157-159.

[18] 李苗苗, 李海波, 周孟宣. 高校科技成果转化效率及其影响因素研究——基于教育部直属高校面板数据的实证[J]. 海峡科技与产业, 2019(5): 23-33.

[19] 姚思宇, 何海燕. 高校科技成果转化影响因素研究——基于 Ordered Logit 模型实证分析[J]. 教育发展研究, 2017(9): 51-58.

[20] 李宇庆. SMART 原则及其与绩效管理关系研究[J]. 商场现代化, 2007(19): 148-149.

[21] 袁瑞钊, 孙利辉. DEA 方法在应用技术类科技成果评价中的应用[J]. 青岛大学学报(自然科学版), 2013(3):87-90.

[22] 袁杰, 袁汝华. 水利科技成果评价指标体系构建及应用[J]. 重庆理工大学学报, 2016, 30(3):134-139.

[23] 许树柏. 层次分析法原理[M]. 天津: 天津大学出版社, 1988.

附录 1　黄河水利科学研究院科技推广转化发展现状

随着 2015 年修订后的《中华人民共和国促进科技成果转化法》颁布，以及相关配套政策的出台，我国科技成果转化进入快速发展期。黄科院结合自身情况，制定出台了《黄河水利科学院促进科技成果转化细则》，依托水利部科技推广中心黄河科技推广示范基地、黄委科技推广中心等科技转化平台，推动基础科研成果转化，通过多年培育和转化，取得了一批高质量成果，在保障人才队伍稳定、提高职工收入水平、促进治黄科研事业健康发展方面起到重要作用。

一、科技推广体系建设

（一）科技推广中心

为完善黄委科技推广体系，促进水利科技成果的推广与转化，2006 年 11 月 28 日，黄委决定成立黄委科技推广中心，机构性质为社会公益类事业单位，级别为正处级，挂靠黄科院管理，业务上受黄委国际合作与科技局指导。2009 年 9 月，部国明任第一任处长兼任黄委科技推广中心主任，和瑞勇任副处长，工作人员 5 名，负责全院科技推广转化与技术咨询服务项目管理工作，新职能部门的成立使科技推广与市场项目管理更加专业化、规范化；2012 年 6 月，苏运启任第二任处长兼任黄委科技推广中心主任；2015 年 3 月，冷元宝任第三任处长兼任黄委科技推广中心主任至今；2019 年 5 月，郑易任副处长。目前，科技推广处共有 5 名工作人员。2019 年 12 月，科技推广处的科技推广管理职责转交到科研管理处，更加专注科技成果转化和技术咨询服务项目管理。

(二)科技推广示范基地

依托黄委科技推广中心,先后在黄河流域设立11处推广示范基地,选取黄科院适用先进技术(磨蚀防护、泥沙处理和资源利用技术、水利工程精准化管理系统、自吸式环保清淤技术、固结植生生态护坡技术等)在小浪底水库、万家寨水库、三门峡水库、宁夏固海扬水管理处、黑河黄藏寺水利枢纽、河南白龟山水库、新疆小柳沟水库和陕西亭口水库等示范基地推广应用,推广效果明显,起到了以点带面、辐射周边的示范作用。

同时,通过历年水利先进技术推介会、水利技术示范推介培训项目等其他形式,积极宣传推介黄科院优势技术和产品,收到了良好效果,有力地促进了院特色科技成果推广宣传。

(三)科技推广基金

2015年7月,设立了黄科院科研成果推广转化示范基金,旨在通过长效滚动支持机制,加大对有潜力的技术(产品)研发的长期支持,促进黄科院创新能力的提升,增强市场核心竞争力。第一批推转基金支持了9个项目,包含“风蚀水蚀冻蚀交错区边坡抗蚀促生防护技术开发”“磨蚀防护技术在水电站及泵站中的应用”和“城市屋面雨水综合利用中试与示范”等,项目总经费467万元。2019年,遴选出第二批推转基金项目,包含“环保监测验收技术在水利水电工程中的推广应用”“水土保持‘空天地’一体化监管技术推广应用”等4项,项目经费160万元。通过黄科院科研成果推广转化示范基金持续支持,加快了泥沙处理与资源利用技术、固结植生生态护坡技术、磨蚀防护技术等有市场潜力技术的成熟适用进程。其中,“固结植生生态护坡技术”成功入选《2019前沿领域科技成果推介手册》。该手册是中国科协聚焦技术经济深度融合和科学技术转移转化需要,在92个全国学会和地方科协推荐的包括先进材料、信息科技、智能制造、生态环境、清洁能源、生态科学等重点领域的 1 000 余项成果中，通过评审，突出创新性、示范性和可转化性，辑录了 135 项成果，水利行业只有 3 项入选，凸显出“固结植生生态护坡技术”的含金量。

二、科技推广政策制定

2014 年制定了《黄河水利科学研究院技术服务项目与经费管理办法》，2015 年进行修订完善后，发布了《黄河水利科学研究院科技推广与技术服务管理办法》。此后，相继制定了《黄科院单位资质管理办法》《黄科院人员执业资格管理办法》《黄科院优秀工程咨询成果评审奖励暂行办法》《黄科院科研成果推广转化示范基金管理办法》《黄河水利科学研究院横向委托项目奖励办法》等一系列管理办法，这些办法的出台为科技推广转化管理与技术咨询服务可持续发展提供了制度保障。

2018 年，编制了《黄河水利科学研究院科技推广与技术咨询服务规划实施方案（2018～2020 年）》，进一步强调了“技术咨询服务是强院之路”的经济发展理念，同时对技术咨询服务项目结构提出了要求，即大力支持成熟技术（产品）推广应用，着力培育市场潜力大的技术（产品）研发。

2019 年，根据《中华人民共和国促进科技成果转化法》《实施〈中华人民共和国促进科技成果转化法〉若干规定》《中共中央、国务院关于实行以增加知识价值为导向分配政策的若干意见》等法律法规，制定发布了《黄河水利科学研究院促进科技成果转化实施细则（试行）》，2021 年进行了修订。该细则的出台，进一步激发了一线科研人员主动从事科技成果推广和技术咨询服务工作的内生动力，优化基础应用研究与技术咨询服务人员比例，对市场项目结构调整起到关键性作用。

三、科技成果推广转化现状

（一）科技成果转化方式

技术服务、技术咨询是黄科院科技成果的主要转化方式。目前，黄科院已形成由洪水影响评价、水资源论证、工程质量检测与评价、水土保持技术四项优势技术和泥沙处理与资源利用技术、固结植生生态治理技术、空天地一体化监测监管技术、水权水市场解决方案、节水控水技术、磨蚀加固修复与智慧运维技术、智慧水利解决方案、河湖健康医生八项特色技术构成的“四梁八柱”的技术服务和咨询体系（见附图1），在黄河及我国其他大江大河的治理保护与高质量发展中发挥了重要的科技支撑作用。

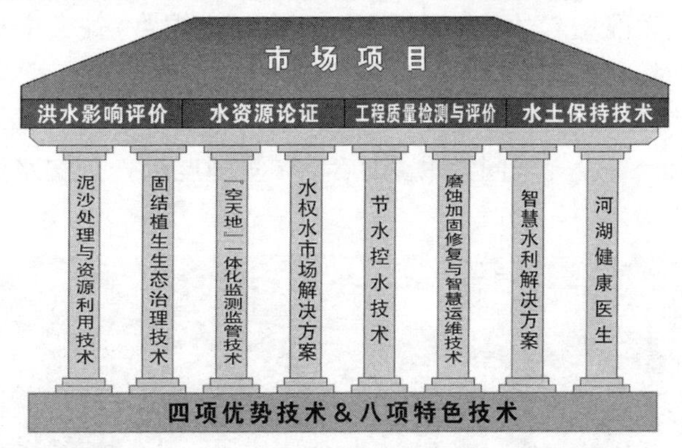

附图1　黄科院“四梁八柱”的技术服务和咨询体系

优势技术1：洪水影响评价

洪水影响评价是黄科院传统优势技术之一，经过多年的发展与技术创新，目前已形成独具一格的洪水影响评价技术体系：具有洪水影响评价类项目“水资源配置-水文情势-河势演变-河道生态”等综合评价系统。提出高含沙洪水模型相似率，对河道冲淤和河势变化剧烈、桥梁与河道斜交角度大、桥群间距密集等特殊条件下的桥梁壅水、河道冲淤和河势变化进行实体模型和数学模型相结合的精准模拟,是支撑建设项目洪水影响评价类技术论证的重要手段。自主研发黄河数学模拟系统,通过黄委测评被推荐为应用级模型,并通过国家防办组织的测评,入选重点地区洪水风险图编制项目软件名录,为建设项目洪水影响评价类技术论证提供数学模型模拟分析。参与修订《黄河水利委员会水工程建设规划同意书制度管理办法(试行)实施细则》,参与编制《黄河水利委员会涉水行政审批洪水影响评价报告编制大纲(试行)》。

技术成果已推广应用于山西禹门口黄河提水工程、陕西省黄河壶口至禹门口段航运建设工程、济南市长平滩区护城堤工程、济南市凤凰路跨黄河桥梁及济泺路穿黄隧道、凤陵渡黄河大桥及连线项目、大准增二线(大同—准格尔旗二线铁路)等大中型项目中。同时,利用这些技术还开展了防汛(抗旱)应急预案、防汛紧急避险专项预案、流域及城市超标准洪水防御预案、水库溃坝洪水风险评价、建设规划同意书论证编制(实例展示)、水文水资源评价(实例展示)等工作。

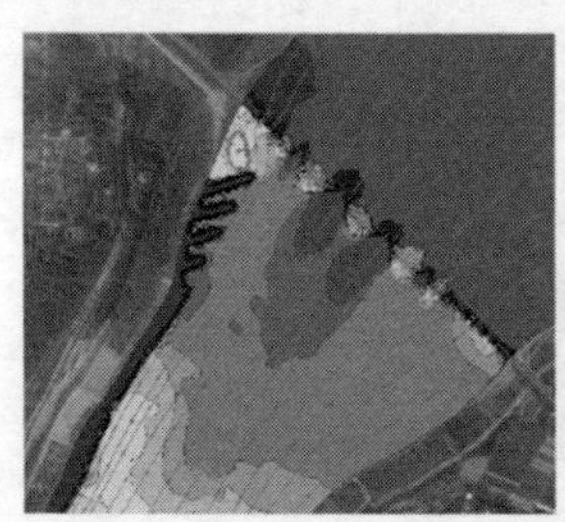

附图 2 复杂桥群桥梁建设洪水影响数模计算(左)与实体模型试验(右)

优势技术 2:水资源论证

黄科院是水资源论证专业机构,先后参与编制《建设项目水资源论证导则》(GB/T 35580—2017)《规划水资源论证技术导则》(SL/T 813—2021)《农田灌溉建设项目水资源论证导则》(SL/T

769—2020)等,主编《矿井水综合利用技术导则》(GB/T 41019—2021),拥有"规划水资源论证""建设项目水资源论证""双甲"资质,已成为建设项目水资源论证标准制定者和行业领跑者。服务范围遍布新疆、西藏、青海、甘肃、内蒙古、宁夏、山西、陕西、河南、山东等10多个省(区),项目类别涉及供水工程、电厂、煤矿、化工以及各类工业园区。

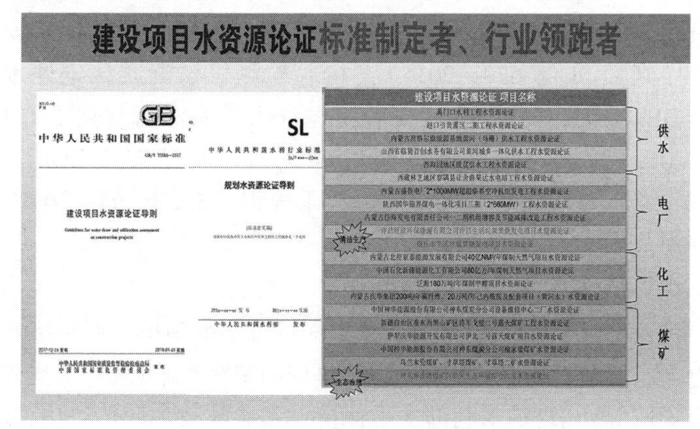

附图3　建设项目水资源论证标准与项目概况

优势技术3:工程质量检测与评价

黄科院具有建设工程质量检测、鉴定能力,获得水利部水利工程质量检测岩土工程、混凝土工程、金属结构、机械电气和量测5个专业类别甲级资质,水利部认定的大中型水库大坝安全评价、大中型水闸安全评价、大(2)型及以下病险水库除险加固工程蓄水安全鉴定资格、水利水电建设工程蓄水安全鉴定资格。

近年承担了黄河标准化堤防、小浪底水利枢纽、黄藏寺水利枢纽工程、南水北调工程、引汉济渭工程、三门峡水库、故县水库、三盛公水利枢纽、出山店水库等大中型水利工程的质量检测和评价鉴定。

2014年以来,获国家专利43项,其中发明专利21项,实用新型专利22项,软件著作权4项。出版专著17部,公开发表论文

161 篇,其中 SCI 检索 11 篇、EI 检索 25 篇。国家科技进步一等奖 1 项、二等奖 1 项;国家技术发明二等奖 1 项;大禹水利科学技术二等奖 2 项;河南省科技进步一等奖 1 项;中国水利工程优质(大禹)奖 1 项;教育部科技进步二等奖 1 项。主持编写《堤防隐患探测规程》(SL 436—2008)、《水利水电工程管理技术术语》(SL 570—2013)、《堤防工程养护修理规程》(SL 595—2013)、《防渗墙质量无损检测技术规程》(DBJ 41/T 137—2014)、《堤防工程安全评价导则》(SL/Z 679—2015)、《检验检测机构资质认定评审规程》(DB 41/T 1707—2018)、《胶结泥沙人工防汛石材》(T/CHES 23—2019)、《复阻抗法土体密湿度现场检测标准》(DOBJ41/T 230—2020)、《堤防工程安全监测技术规程》(SL/T 794—2020)等规程规范。

优势技术 4:水土保持技术

黄科院具有生产建设项目水土保持方案编制单位四星级水平评价、生产建设项目水土保持监测单位四星级水平评价、工程咨询甲级资信等证书,是水利部水土保持设施验收技术评估单位,分别在新疆、西藏、青海、甘肃、宁夏、陕西、山西、黑龙江、河南、山东、四川、贵州、上海、安徽、海南等省(区)开展了水利工程、高速公路、铁路、机场、电力工程(火电、风电、输变电、生活垃圾焚烧发电)、输油输气管道、城镇建设、河道整治,以及矿产和石油天然气开采等工程的水土保持方案编制、水土保持监测和水土保持设施验收,承担完成了青海、陕西等省级水土保持专项规划、可行性研究和扩大初步设计等技术服务项目,形成了集规划、方案、监测、验收、监督五位一体的水土保持服务项目格局。

特色技术 1:泥沙处理与资源利用技术

黄科院从资源利用角度,将泥沙转化为可用于国民经济发展的各种有益资源,形成了“测-取-输-用-评”全链条泥沙资源一体化应用技术和针对中小型淤损水库人工修复的吸盘式水库环保

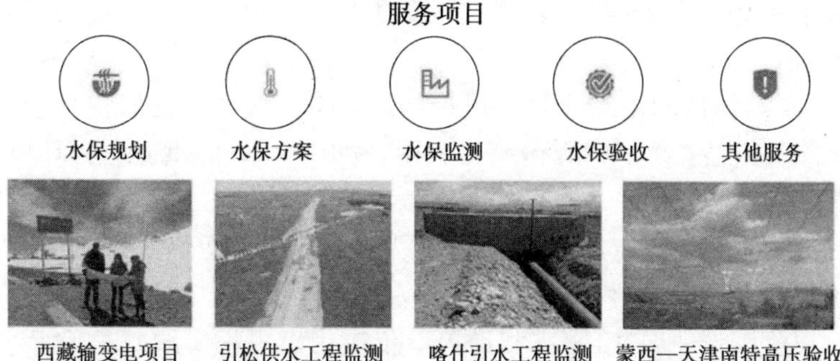

附图4　水土保持技术服务范围与项目概况

清淤技术,实现了我国泥沙资源利用行业的重大技术突破,主要性能指标包括:

(1)深水水下泥沙高保真取样技术。①适用水深:小于 200 m;②样品长度:4 m;③样品直径:70 mm;④适用范围:江河湖库中纯砂、硬黏土等淤积物柱状取样。

(2)水库泥沙处理与资源利用有机结合技术。①工作流速:大于临界不淤流速 15%;②最大清淤效率:123 m^3/h;③平均清淤效率:65 m^3/h;④最优输沙浓度:400~600 kg/m^3;⑤管线敷设适宜坡度:60°~80°。

(3)非水泥基黄河泥沙固结胶凝技术。①可实现单项激发黄河泥沙、复合激发黄河泥沙;②90 d 抗压强度:5~20 MPa;③黄河泥沙占比:70%~80%。

(4)人工防汛石材生产装备及工艺技术。①成型方式:振动增密、液压成型;②额定压力:28 t;③振动频率:3 000~4 500 次/min;④湿密度:大于 1 950 kg/m^3。

(5)中低产田土壤质地综合改良技术。①泥沙黏粒最佳含量:44%~50%;②最佳单独掺量:泥沙 20%;③最佳综合掺量:泥沙(20%)+鸡粪(400 kg/亩)+保水剂(2 kg/亩)。

(6)泥沙膏体充填煤矿开采技术。①大煤层:28 d 抗压强度大于 3 MPa;②小煤层:28 d 抗压强度大于 1 MPa;③充填能力:50 m^3/h。

(7)泥沙利用综合效益评价技术。①一级指标:经济、社会、生态等效益;②二级指标:直接利用、发电、供水、防洪、生态、环境等效益。

技术成果已应用于清华大学、大连理工大学等高等院校研究生教学,被黄河水利委员会、小浪底水利枢纽管理中心、新疆塔里木河流域管理局、哈密水利局等单位应用于工程实践。2020 年,与济源市小浪底北岸新区管委会、黄河明珠集团和中国水利水电第十一工程局有限公司、四川省紫坪铺开发有限责任公司、承德小滦河水电开发有限公司等单位签订合作协议,应用前景广阔。

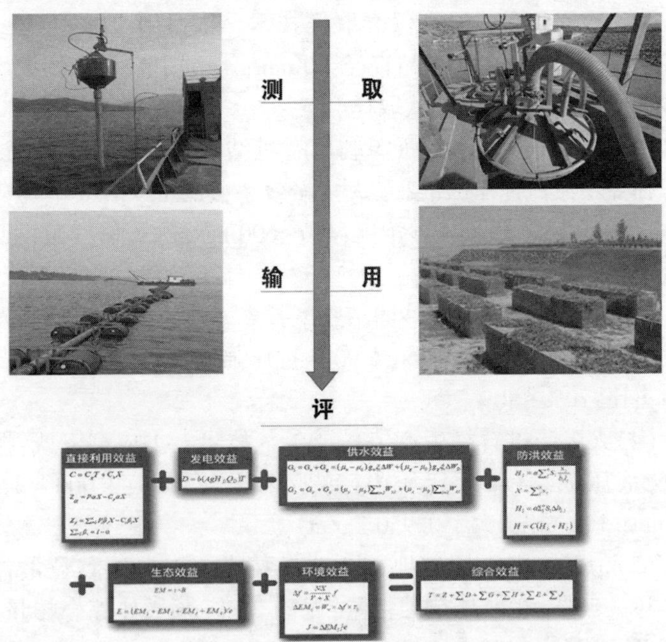

附图 5　“测-取-输-用-评”全链条泥沙资源一体化应用技术

特色技术2:固结植生生态治理技术

依托国家"863"计划专题、"十二五"科技支撑计划、"十三五"重点研发计划等项目,黄科院历时10余年,突破了生态脆弱区植被恢复的技术难题,自主研发了"固结植生复合材料"和"高摩尔比脲甲醛缓释肥"2项专利产品,形成了集固结、保水、增肥、促生多功能于一体的固结植生生态护坡技术,编制了《水利水电工程生态护坡技术规范》(Q/HK 001—2009)。

该技术施工便捷,人工或机械皆可。核心产品高性能复合材料具有包裹固结、抗冻控渗、增肥促生等特性,材料使用性能可控,环保特征显著。可有效解决工程建设过程中水土流失、植被快速恢复等问题,广泛应用于干旱半干旱地区水利、交通和能源开发等工程建设区生态治理、堤防与河道治理、区域水土流失治理、荒漠化治理和防沙防尘等领域。

技术成果入选中国科技协会发布的《2019前沿领域科技成果推介手册》和水利部发布的《水利先进实用技术重点推广指导名录》,先后在陕西、新疆、内蒙古和青海等省(区)进行了广泛应用,产生了良好的经济效益和显著的生态环境效益。

附图6　固结植生生态治理技术在砂砾岩边坡(内蒙古)的实施效果

特色技术3:"空天地"一体化监测监管技术

在国家重点研发计划课题、国家自然科学基金以及水利部公益性行业专项等多个项目(课题)支持下,黄科院研发出一套集成无人机遥感数据高效分析(空)、星载多源遥感影像智能解译(天)、野外精准快速调查(地)的“空天地”一体化监测监管技术。主要性能指标包括:①采集数据类型多,包含无人机航测/倾斜摄影、无人机高光谱成像、无人机 LiDAR 测绘等;②影像解译方法精度高,大类专题信息自动提取精度在 85%以上;③大数据挖掘及影像解译速度快,1 h 内可解译分析 4 万 km^2 的高分一号影像(16 m 分辨率多光谱,200 km×200 km 一景);④水土保持、环境保护监管技术支撑能力强,可快速、精准地获取人为扰动活动图斑和生产建设项目水土保持、环境保护措施量。

技术成果已推广应用于河南省、江苏省、江西省等省级区域水土流失动态监测;水利部、河南省等省部级生产建设项目水土保持监督检查及验收后核查;2020 年度山西省、江西省、新疆维吾尔自治区等国家级和省级生产建设项目水土保持遥感监管;引江济淮工程(河南段)环境监测;河南省赵口引黄灌区二期工程环境监测;川藏铁路拉萨至林芝段供电工程水保环保验收调查;新疆喀什“一市两县”城乡饮水安全工程水保环保监测等。

附图 7　多源遥感及大数据获取平台

特色技术4:水权水市场解决方案

黄科院是水权水市场行业科技支撑先行单位,为黄河流域水权转让制度制定及实践提供了全方位技术支撑,获国家"十一五"科技支撑计划、"十三五"重点研发计划、国家自然科学基金、水利部重大课题、星火计划以及中央分成水资源费等多种资金支持,先后承担内蒙古、宁夏、青海、河南、陕西、山西等地水权水市场项目50多项,构建了以水权配置技术、水权确权技术、水权交易技术、水权交易平台建设等为核心的技术体系,形成了农业节水水权转让、跨流域调水水权置换、水土保持拦减沙水权置换等不同类型水权水市场架构。

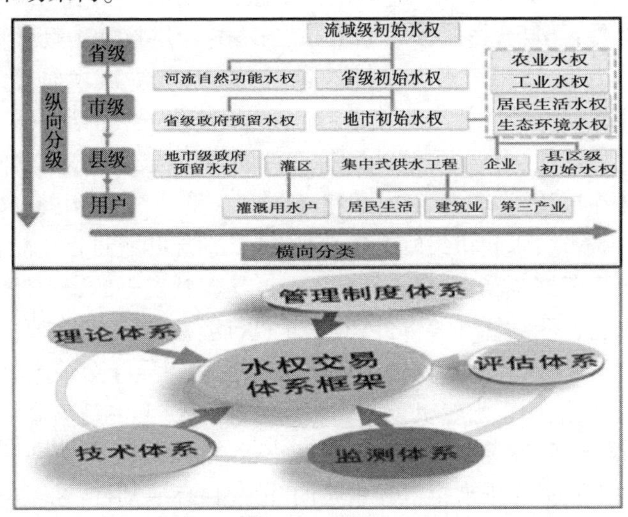

附图8 水权确权及交易体系整体架构

特色技术5:节水控水技术

黄科院完成黄河流域上游宁夏中卫和内蒙古包头、乌海、阿拉善,下游山东泰安等地市黄河地表水资源超载治理方案编制,完成山西晋城市城区、高平、泽州和长治市沁源等区县地下水超载治理方案编制,形成水资源超载治理技术体系,提出超载区水资源超载治理措施,推进实现区域水资源高效配置。

攻克了黄河精细化水量调度的技术难题,研发了集3S技术、传感器技术、通信技术、计算机技术等于一体的灌区农业灌溉决策支持系统(人民胜利渠),为水资源的精细化科学调度提供有效的支撑。

特色技术6:磨蚀加固修复与智慧运维技术

水利水电工程磨蚀防护技术包括8项分技术:①复合树脂砂浆水机涂层技术:涂层黏结力高,抗磨、抗汽蚀性能优良,适用于水轮机座环、固定导叶、活动导叶、固定止漏环、蜗壳和水泵泵壳、叶片等部件;②复合树脂砂浆水工涂层技术:涂层抗冲击韧性高,抗冲磨能力强,适用于水电站排沙隧洞、消力池、溢流坝面等部位;③浇注聚氨酯弹性体涂层技术:抗空蚀性能优异,黏结力强,适用于水轮机叶片、上冠、水泵叶片等部件的强空蚀部位;④高弹性聚氨酯漆涂层技术:具有高抗磨和高防腐双重功能,适用于水工闸门、压力管道、水轮机组蜗壳等部件;⑤活动导叶密封板产品:自主研发了钢塑聚氨酯密封板,提高了导叶全关状态下的密封性能,适用于水轮机活动导叶等部件;⑥水轮机抗磨板产品:自主研发了钢塑复合抗磨板,提高了抗磨板的抗磨蚀性能和导叶全关闭状态下的密封性,适用于水轮机顶盖和底环等部件;⑦超音速火焰喷涂技术:涂层光滑,致密性好(孔隙率可小于0.5%),结合强度高(100 MPa以上),适应于水轮机和水泵的叶片、口环等部件;⑧激光熔覆技术:涂层结合强度高(360 MPa以上),熔覆材料有镍基、钴基、铁合金、铜合金、颗粒型金属基复合材料和陶瓷材料等,适用于水轮机止漏环、抗磨板、转轮叶片、水泵叶轮口缘(内口环)等部件。

技术成果在黄河流域、长江流域、松辽流域、新疆及台湾等地进行大力推广和应用,完成"三门峡、万家寨、小浪底、刘家峡、大渡河、象鼻岭、莲花、镜泊湖、新疆达克曲克、乌鲁瓦提水电站、固海

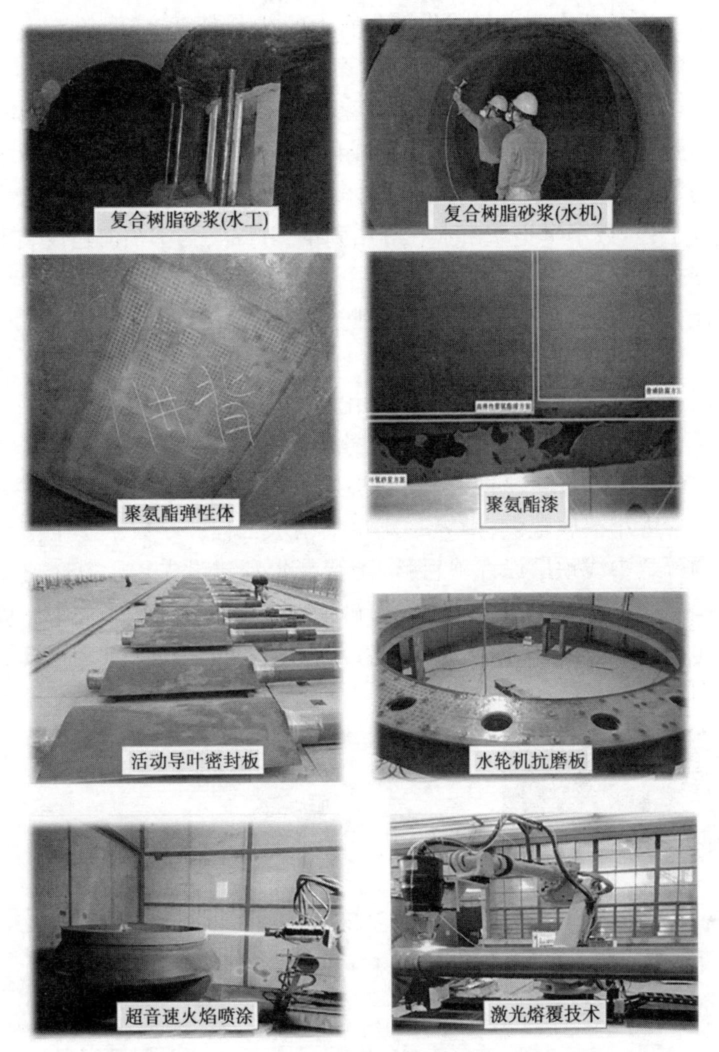

附图9 水利水电工程磨蚀防护技术应用情景

扬水、呼市供水泵站及台湾石门水库”磨蚀防护技术推广项目50余项,大大延长了水工建筑物和水力机械的使用寿命,为保障水利水电工程长期安全运行提供了强有力的技术支撑。

特色技术 7:智慧水利解决方案

创新引领,数字赋能,作为数字孪生黄河核心技术支撑单位,着力强化自主创新能力建设,形成以算据集成、模型计算、决策智能与数字孪生为主的四大领先技术体系,研发数字孪生流域、数字孪生工程、数字孪生城市水利等系列拳头产品,为幸福河建设装上最强大脑,全面提升水利业务的“智能感知监测能力、精准数字模拟能力、可视数字孪生能力、科学防御决策能力”。

构建具有“预报、预警、预演、预案”功能的智慧水利体系,积极服务流域和地方水利业务数字化转型和智能化升级。先后承担国家中心城市最大规模的智慧水务建设项目——郑州郑东新区智慧水务工程建设;“十四五”期间头号数字孪生工程试点任务——数字孪生小浪底建设;世界一流智慧调水工程——数字孪生南水北调智慧中线顶层设计项目;全国智慧水利建设先行示范区典型工程——宁夏贺兰山东麓山洪防御管理应用系统建设等大中型项目建设,打造多个国内领先的智慧水利样板工程,产生重大标杆效应和示范意义。

附图 10　智慧水利解决方案应用情景

特色技术8:河湖健康医生

黄科院致力于河湖水生态、水环境研究与治理,以维护河湖健康、保障流域高质量发展为目标,近几年先后承担了50余项相关科学研究、技术应用与推广等国家级和省部级项目,在黄河流域(片)水生态环境治理理论与技术方面积累了丰富经验,研发了黄河流域水生态环境治理技术平台、黄河流域生态水文模型等,形成了集河湖生态环境现状调查与评价、治理规划(方案)编制、实施效果监测评估、长效运行机制维持等为一体的河湖健康全链条研究模式。

(二)科技成果推广转化现状

"十三五"期间,黄科院依靠人才技术、专业资质等优势,以技术咨询、服务项目为主要转化方式,稳步推动科技成果的推广转化力度。从数量上看,2016~2020年期间共承揽技术咨询服务项目合同额82 970万元(含公司),年均16 594万元。其中,2020年达到最高,为26 572万元,约为2016年的3倍,见附表1。

附表1　2016~2020年各类技术咨询服务项目合同额基本情况

单位:万元

类别	2016年	2017年	2018年	2019年	2020年	5年平均	合计
防洪评价	2 736	4 582	2 994	2 903	4 065	3 456	17 280
水资源论证	824	2 091	2 079	2 526	2 551	2 014	10 071
水土保持	549	841	1 744	1 979	1 941	1 411	7 054
质检与安评	2 710	3 180	6 239	4 665	3 846	4 128	20 640
其他类	1 673	3 484	1 980	4 154	3 292	2 917	14 583
特色技术	47	185	234	1 999	10 877	2 668	13 342
总计	8 539	14 363	15 270	18 226	26 572	16 594	82 970

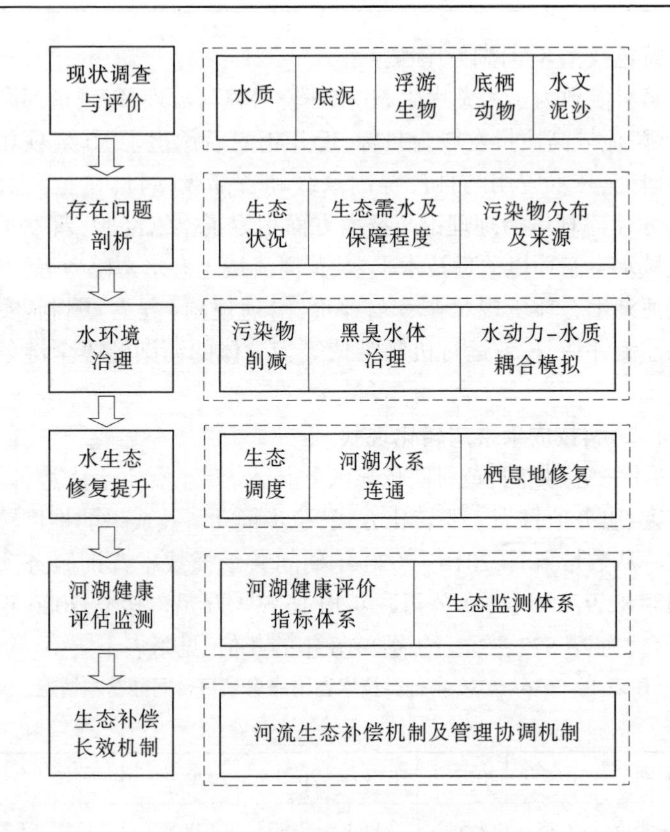

附图 11　河湖健康医生技术框架

从结构上看，特色技术已逐渐成为科技成果转化的主力军。2016~2018 年，特色技术合同额占总合同额比例年均不足 5%；2019 年泥沙处理与资源利用技术、固结植生生态治理技术等特色技术迈出走向市场的第一步，当年特色技术合同额占总合同额的 11%；2020 年，围绕水利信息化和黄河流域生态环境保护，特色技术取得了新的发展，占到年度合同额的 41%，见附表 2。

附表2　2016~2020年特色技术合同额基本情况　　单位:万元

项目	2016年	2017年	2018年	2019年	2020年
特色技术合同额	47	185	234	1 999	10 877
全年合同额	8 539	14 363	15 270	18 226	26 572
占比/%	1	1	2	11	41

附录2 国家、省部以及地市出台水利成果转化政策分析

一、国家科技成果转化政策分析

充分发挥科技对改革发展的引领作用，继2015年修订实施的《中华人民共和国促进科技成果转化法》之后，中共中央 国务院出台了一系列文件和规定。党中央和国务院先后印发了实施了《国家创新驱动发展战略纲要》(中发〔2016〕4号)、《中华人民共和国促进科技成果转化法》若干规定(国发〔2016〕16号)、《国家技术转移体系建设方案》(国发〔2017〕44号、28号)，以及《关于实行以增加知识价值为导向分配政策的若干意见》(中办国办发〔2016〕35号)和《促进科技成果转移转化行动方案》(国办发〔2016〕28号)等。近年来，党中央和国务院聚焦完善科研管理、提升科研绩效、推进成果转化、优化分配机制等方面，赋予科研单位和科研人员自主权受到广大科技工作者的拥护和欢迎。但在有关政策落实过程中还存在着不同程度的各类问题，有的部门、地方以及科研单位没有及时修订相关制度规定，科技成果转化、薪酬激励、人员流动还受到相关规定的约束等。针对这些问题和制约因素，2018年国务院办公厅出台了《关于抓好赋予科研机构和人员更大自主权有关文件贯彻落实工作的通知》(国办发〔2018〕127号)。

以下就《中华人民共和国促进科技成果转化法》和若干规定，以及《关于实行以增加知识价值为导向分配政策的若干意见》进行主要解读。

《中华人民共和国促进科技成果转化法》共六章五十二条，由总则、组织实施、保障措施、技术权益、法律责任和附则构成。2015年进行重新修订，着力于破除制约科技成果转化的体制机制障碍，

促进大众创新创业,有力推进科技成果转化为现实生产力。一是以改革为先导,对科技成果使用权、处置权和收益权进行突破性改革。第十八条规定“国家设立的研究开发机构、高等院校对其持有的科技成果,可以自主决定转让、许可或者作价投资,但应当通过协议定价、在技术交易市场挂牌交易、拍卖等方式确定价格。”第四十三条规定“国家设立的研究开发机构、高等院校转化科技成果所获得的收入全部留归本单位,在对完成、转化职务科技成果做出重要贡献的人员给予奖励和报酬后,主要用于科学技术研究开发与成果转化等相关工作。”进一步将科技成果的使用权、处置权、收益权赋予国家设立的研发机构和高等院校,彻底解决了科技成果的所有权问题。二是强化了对科技人员的激励,提高了奖励标准,同时明确了相关的配套制度。第四十四条规定“职务科技成果转化后,由科技成果完成单位对完成、转化该项科技成果做出重要贡献的人员给予奖励和报酬。”第四十五条规定了科技成果转化收益提取比例,对科技人员奖励和报酬从净收益的20%提高到不低于50%,并明确“国有企业、事业单位依照本法规定对完成、转化职务科技成果做出重要贡献的人员给予奖励和报酬的支出计入当年本单位工资总额,但不受当年本单位工资总额限制、不纳入本单位工资总额基数。”从收益的处置权上明确单位有权自主处置科技成果转化收入,不需要再上缴国库,同时明确了给予科技人员奖励和报酬的支出不受当年本单位工资总额限制,从而为奖励的落实打通了制度环节。三是一部平衡国家、单位和个人权利义务的法律。在处理国家与单位之间的关系上,通过处置权、收益权改革,使单位拥有促进科技成果转化的自主权,进而明确了单位在促进科技成果转化的主体责任。国家在促进科技成果转化上,保留“国家为了国家安全、国家利益和重大社会公共利益的需要,可以依法组织实施或者许可他人实施相关科技成果”的权利。在处理单位与个人的关系上,科技人员是科技成果转化的重要参与主体,实施科技成果转化要依靠科技人员来完成,明确了科技成果完成人和参加人在职务科技成果完成后,即可与单位签订协议进行科技成果转化,并享有协议规定的权利,单位应当给予支持。四是一部平衡政府与市场关系的法律,明确规定了科技成果转化活动应当尊重市场规律,同时也规定政府主要通过制定政策、加强公共服务等发挥作用。在政府主导上,一要强化政策引导,二要强化科技服务。在市场调节上,一要充分发挥企业在科技成果转化中的主体作用,推进产、学、研相结合,建立科技研发和转化平台,发挥科技人员积极性。二要充分体现市场导向,科技成果价值由市场需求来评判。

《中华人民共和国促进科技成果转化法》若干规定,对于促进大众创业、万众创新,鼓励科技成果转化,推进经济提质增速升级等起到了规范和指导的作用,也成为国家设立的科研院所、高等院校等科技成果转化主体在实践中的重要依据。在科技成果转移方面,一是对研发机构和高等院校实施科技成果转移做出细致的补充。二是对技术转移做出更加明细规定。研发机构、高等院校对其持有的科技成果,可以自主决定转让、许可或者作价投资,除涉及国家秘密、国家安全外,不需审批或者备案;优先向中小微企业转移科技成果,为大众创业、万众创新提供技术供给。科技成果的市场价值应当通过协议定价、在技术交易市场挂牌交易、拍卖等市场化方式确定,并在本单位公示科技成果名称和拟交易价格,公示时间不得少于 15 日。三是给予研发机构和高校院所政策性激励,科技成果转化所获得的收益全部留归单位,纳入单位预算,不上缴国库,扣除对完成和转化职务科技成果做出重要贡献人员的奖励和报酬后,应当主要用于科学技术研究开发与成果转化等相关工作。四是明确科技成果转化情况的年度报告制度。在科技人员创新创业激励方面,一是明确从技术转让或者许可转化所得的净收益中提取不低于 50%的比例,用于奖励职务成果完成人和为成果转化做出重要贡献的人员。其中,主要贡献人员获得奖励的份额不低于奖励总额的50%。二是对科技人员在科技成果转化工作中开展技术开发、技术咨询、技术服务等活动,可按照促进科技成果转化法和本规定给予奖励。三是对科技人员兼职开展科技成果转化和担任领导职务的科技人员获得科技成果转化奖励进行规定。

《实行以增加知识价值为导向分配政策的若干意见》是针对我国科研人员的实际贡献与收入分配不完全匹配的问题,提出了明确分配导向完善分配机制的7个方面,21条的改革部署,基本思路是发挥市场机制的作用,构建基本工资、绩效工资和科技成果转化性收入的三元薪酬体系,使科研人员的收入与岗位的责任、工作的业绩和实际的贡献紧密联系,在具体的措施上突出了推动形成体现知识价值的收入分配机制,扩大高校、科研院所在收入分配上的自主权,发挥科研资金、项目资金的激励引导作用,加强科技成果产权对科技人员的长期激励作用,允许科研人员依法依规适度的兼职兼薪。

在收入分配调节方面进行了创新设计。一是对收入分配的机制进行了系统的设计,构建以基础工资、绩效工资和科技成果转化性收入为三元的薪酬结构。尤其是确立了增加知识价值分配的导向,要在全社会形成知识创造价值、价值创造者能够得到合理回报这样一个良性循环。二是统筹自然科学和哲学社会科学不同的门类,包括基础研究、应用研究、技术开发和成果转化,统筹不同环节的人收入分配的关系。三是根据不同的创新主体、不同的创新领域、不同创新环节的智力劳动的特点,实行有针对性的分配政策。四是给予高校、科研院所收入分配上充分的调节自主权。要求高校和科研院所自己制定分配办法,合理调节不同岗位的收入。科研机构和高校按照职能制定收入分配办法,调节收入分配关系,自主决定绩效考核和绩效分配的办法,而且还赋予财政科研项目承担单位对间接费用的统筹使用权。对横向委托项目的科研人员经费也实行合同约定管理。五是在长期激励上,要发挥产权对收入分配长期的激励作用;要科学设置考核周期,避免频繁地对科研人员进行考核;要积极解决部分青年科研人员和教师待遇低的问题,以加强学术梯队建设。

二、各部委科技成果转化规章分析

《中华人民共和国促进科技成果转化法》修订实施后,各部委先后出台了促进科技成果转化实施意见、暂行办法、若干意见或指导意见等,根据行业特点对科技成果转移转化实施做出更加明细的规定。现就自然资源部、农业农村部、交通运输部、教育部和中科院等部委出台的促进科技成果转化实施意见进行比较分析,其特点:一是农业部在科技成果权属上做出了科学清晰的界定;二是在激励科技成果转移转化方式上,农业农村部、交通运输部、教育部、中科院等均把科研院所开展的技术开发、技术咨询、技术服务、技术培训等活动,作为科技成果转化的重要形式,其管理应依据《中华人民共和国合同法》和《中华人民共和国科技成果转化法》。三是在科技成果转化机制建设上,应建立领导集体决策制度、科技成果转化工作公示制度和异议处理办法,公示内容包括科技成果转移转化的各项制度、工作流程及领导干部取得科技成果转化奖励和收益等情况。鼓励企业化转化方式,支持企业联合研发机构、高校院所建立协同创新平台、技术转移机制和创新战略联盟。四是在人事管理上,支持研发机构、高校院所的科技人员兼职兼薪从事科技成果转化和离岗创业。五是在科技成果转化经费投入上,鼓励以知识产权作价入股、建立科技成果转化基金,发挥财政资金引导作用,鼓励资源整合和强强联合。六是研发机构、高校院所应建立科技成果转化年度报告制度和绩效评价机制。

三、各省市科技成果转化政策分析

2015年8月,《中华人民共和国促进科技成果转化法》修订颁布实施后,各省市也对本区域实施的促进科技成果转化条例、实施细则等进行了修订,分析其特点主要有:一是在组织架构上与《中华人民共和国促进科技成果转化法》基本一致,通常由总则、组织实施、服务机构或转化实施、保障措施、技术权益、法律责任、附则等组成。二是突出企业科技成果转化主体地位,强调高校院所科技成果转化导向,构建科技金融支撑体系,强化税收政策保障。三是明确高校院所科技成果转化自主权、处置权和收益权,更加理顺研发机构和高校院所科技成果转化中的财政、单位和科技人员三者权益关系。四是大幅提高科技人员科技成果转化收益比例,多数省市比例提高到不低于60%、70%。五是制定有利于科技成果转化的人事制度,对高校院所科技人员兼职或离职创业、领导职务的科技人员获得科技成果转化收益等进行规范。六是加大培育科技成果转化中介服务机构和平台建设,推进科技成果转化市场化有序发展。七是建立科技成果转化勤勉尽责制度,单位负责人根据法律法规和本单位规章制度开展科技成果转化工作,即视为履行了勤勉尽职义务。八是有的省份(四川、黑龙江、河北等)把研发机构、高校院所以市场委托或者政府采购方式取得的技术开发以及在科技成果转化中的开展的技术咨询、技术服务、技术培训等技术活动,依照科技成果转化规定给予科技人员奖励。

附录3 《水利部促进科技成果转化管理办法(建议稿)》

第一章　总　则

第一条　为促进水利行业科技成果转化,依据国家《中华人民共和国促进科技成果转化法》《实施〈中华人民共和国促进科技成果转化法〉若干规定》《关于实行以增加知识价值为导向分配政策的若干意见》和水利部《关于实施创新驱动发展战略加强水利科技创新若干意见》,结合水利行业实际,制定本办法。

第二条　水利行业科研机构、高等院校及具有研究开发能力的单位(以下简称水利研发单位)开展科技成果转化适用本办法。

第三条　本办法所称科技成果为职务科技成果,是指科技人员执行单位的工作任务或主要利用单位的物质技术条件,开展科学研究、技术开发和水利工程建设所产生的具有实用价值的成果。

第四条　本办法所称水利科技成果转化,是指为提高生产力水平而对科技成果进行后续试验、开发、应用、推广直至形成新技术、新工艺、新材料、新产品,发展新产业等活动。面向政府、企事业单位及其他社会化组织等需求所提供的水利技术开发、技术转让、技术咨询、技术服务也属于水利科技成果转化范畴。

依法向社会提供开放共享服务的基础性、公益性资料和数据等,不属于科技成果转化范畴。

第五条　水利部科技主管部门负责水利行业科技成果转化工作的监督与指导,各级水行政主管部门应支持鼓励开展水利科技成果转化工作,各单位应发挥自身技术人才资源优势实施科技成果转化为现实生产力,以促进水利行业高质量发展。

第二章 组织实施

第六条 水利部科技主管部门应当建立、完善科技报告制度,建设科技成果信息系统,定期发布重点科技成果转化项目指南,及时向社会公布水利科技项目实施情况以及科技成果和相关知识产权信息,提供科技成果信息查询、筛选等公益服务。

第七条 各级水行政主管部门应当通过政府采购、示范推广等方式,支持科技成果转化项目的实施。

第八条 各级水行政主管部门应当支持建设研究开发平台,为科技成果转化提供技术集成、水利技术研究开发、中间试验、科技成果工程化研发、技术推广与示范等服务。

第九条 鼓励水利研发单位采取转让、许可或作价投资等方式,向企业或者其他组织转移科技成果。

第十条 鼓励企业与水利研发单位开展产学研用合作,采取联合建立研究开发平台、科技中介服务机构、技术创新联盟等方式,共同开展研究开发、成果应用与推广、标准研究与制定等活动。

水利行政主管部门应积极培育和发展水利行业技术市场,为技术交易提供交易场所、信息平台以及信息检索、加工与分析、评估、经纪等服务。

第十一条 水利研发单位应当建立健全科技成果转化工作机制,加强对科技成果转化的管理、组织和协调,建立科技成果转化重大事项领导班子集体决策制度;建立成果转化管理平台,统筹成果管理、技术转移、资产经营管理、法律等事务;明确科技成果转化管理机构和职能,落实科技成果报告、知识产权保护、资产经营管理等工作的责任主体,优化科技成果转化工作流程,开列权利清单,明确议事规则。

第十二条 水利研发单位应当建立健全科技成果转化的财务管理制度,将科技成果转化收益纳入单位预算管理和统一会计核算。

第十三条 水利研发单位应建立科技成果转化工作公示制度及异议处理办法,公示内容包括科技成果转移转化的各项制度、工作流程、重要人事岗位设置以及领导干部取得科技成果转化奖励和收益等情况。

第十四条 水利研发单位应当按照规定向水行政主管部门报送科技成果转化情况的报告,主管部门审核后形成部门总结报告,连同水利研发单位科技成果转化报告一并报送至科技、财政部门。

第三章 成果权属

第十五条 水利科技成果权属的界定。

(一)水利研发单位利用财政性资金开展研究形成的科技成果,除涉及国家安全、国家利益和重大社会公共利益外,承担单位依法拥有科技成果权属。

(二)水利研发单位之间联合或与企业共同承担的科研项目或共同依法取得的科技成果,各承担单位应依照国家相关法律、项目管理规定,通过签订合同约定科技成果权属。

(三)水利研发单位接受企事业或其他社会组织委托的项目,承担单位和科技人员可以通过合同约定知识产权使用权和转化收益所属。

第十六条 科技成果完成单位与其他单位或企业合作进行科技成果转化的,应当依法通过合同约定科技成果有关权属,其原则为:

(一)在合作转化中无新的发明创造的,科技成果的权属归该科技成果完成单位;

(二)在合作转化中产生新的发明创造的,该新发明创造的科技成果权属归合作各方共有;

(三)对合作转化中产生的科技成果,各方都有实施该项科技成果转化的权利,转让该科技成果时需合作各方同意。

第十七条 水利研发单位未能适时实施成果转化的,成果完成人和参加人在不变更职务科技成果权属的前提下,可以与成果持有单位以协议约定进行该项科技成果的转化,并享有协议规定的权益,单位应予以支持。

成果完成人和参加人不得将科技成果及其资料数据占为己有,不得侵犯单位的合法权益,不得将职务成果擅自转让或变相转让。

第十八条 实施科技成果转化合作各方,应当遵守自愿、互利、公平、诚信的原则,依法签订合同约定合作的组织形式、任务分工、资金投入、知识产权归属、权益分配、风险分担和违约责任等事项。

第四章 成果处置

第十九条 水利科技成果转化方式。水利研发单位对其持有的科技成果拥有转化自主权,可采用下列方式实施科技成果转化:

(一)自行投资实施转化;

(二)向他人转让科技成果;

(三)许可他人使用科技成果;

(四)以科技成果作为合作条件,与他人共同实施成果转化;

(五)以科技成果作价投资,折算股份或者出资比例;

(六)以技术开发、技术咨询、技术服务等其他协商确定的方式。

第二十条 水利科技成果分类处置。涉及国家秘密、国家安全、国家重大公共利益的科技成果转化,应按国家有关法律法规要求的程序处置。不涉及国家秘密、国家安全、国家重大公共利益的,项目承担单位可以自主处置,不需审批或者备案。

第二十一条 水利科技成果转化应遵循市场化价格机制。水利研发单位实施成果转化时,应当通过协议定价、在技术交易市场挂牌交易、拍卖等市场化方式确定价格(价值)。协议定价的,应当在本单位公示科技成果名称和拟交易价格,公示时间不少于15日,并明确公开异议处理程序和办法。

第二十二条 水利研发单位有权对持有的科技成果作价入股确认股权和出资比例,可通过发起人协议、投资协议或公司章程等形式明确约定科技成果的权属、作价、折股数量或者出资比例等事项,明晰产权。以科技成果作价入股作为对科技人员的奖励涉及股权注册登记及变更的,应在本单位进行公示,无须报主管部门审批。

第五章 成果收益

第二十三条 合理使用科技成果转化收入。科技成果转化收入全部留归本单位,纳入本单位预算,不上缴国库,扣除对完成和转化科技成果做出重要贡献人员的奖励和报酬后,应优先用于单位科学技术研发、知识产权管理、人才和团队建设、成果转化等相关工作。

对完成和转化科技成果做出重要贡献的人员给予奖励和报酬的分配,水利研发单位应在广泛听取职工意见的基础上,制定相关的分配制度,并报水行政主管部门备案。

第二十四条 保护科技人员成果转化合法权益。应依法保护科技人员在科技成果转化中的合法权益,对科技成果完成人和为成果转化做出重要贡献人员的奖励时,按照以下规定执行:

(一)以技术转让或者许可方式转化科技成果的,应当从技术转让或者许可所取得的净收入中提取不低于50%的比例用于奖励。

(二)以科技成果作价投资实施转化的,应当从作价投资取得的股份或者出资比例中提取不低于50%的比例用于奖励。

(三)在研究开发和科技成果转化中做出主要贡献的人员,获得奖励的份额不低于奖励总额的50%。

(四)将科技成果自行实施或者与他人合作实施转化的,应当在实施转化成功投产后连续3年至5年,每年从实施该项科技成果的营业利润中提取不低于5%的比例用于奖励。

(五)成果转化净收入在成果完成人和为成果转化做出重要贡献的其他人员之间的分配,由其内部协商确定。

第二十五条 科技人员面向企事业或其他社会组织委托所开展的技术开发、技术转让、技术咨询、技术服务等合作活动,应依据合同法和科技成果转化法管理,经费支出按照合同或协议约定执行,净收入中提取不低于50%的比例,按照单位制定的科技成果转化奖励和收益分配办法对完成项目的科技人员和相关人员给予奖励和报酬。

第二十六条 科技成果转化的奖励和报酬的支出,计入单位当年工资总额,不受单位当年工资总额限制,不纳入单位工资总额基数。科技人员依法取得的科技成果转化奖励和报酬收入,不纳入绩效工资。对符合条件的股票期权、股权期权、限制性股票、股票奖励以及科技成果投资入股等实施递延纳税优惠政策。

第二十七条 规范领导干部科技成果转化激励。对于担任领导职务的科技人员,获得科技成果转化奖励,按照分类管理的原则执行:

(一)单位正职领导以及各单位所属具有独立法人资格单位的正职领导,是科技成果的主要完成人或者对科技成果转化做出重要贡献的,可以获得现金奖励,原则上不得获取股权激励。

(二)其他担任领导职务的科技人员,是科技成果的主要完成人或者对科技成果转化做出重要贡献的,可以获得现金、股份或出资比例等奖励和报酬,但获得股权激励的领导人员不得利用职权为所持股权的企业谋取利益。

（三）对担任领导职务的科技人员的科技成果转化收益分配实行公开公示制度，不得利用职权侵占他人科技成果转化收益。

第二十八条 水利研发单位正职在担任现职前因科技成果转化获得的股权，任现职后应及时予以转让，转让股权的完成时间原则上不超过 3 个月；股权非特殊原因逾期未转让的，应在任现职期间限制交易；限制股权交易的，不得利用职权为所持股权的企业谋取利益，在本人不担任上述职务 1 年后解除限制。

第六章 绩效评价

第二十九条 建立科技成果转化年度报告制度，水利研发单位应当于每年 3 月底前向科技主管部门报送上一年度科技成果转化情况的年度报告，内容主要包括：

（一）科技成果转化总体成效和面临问题；

（二）依法取得科技成果数量及有关情况；

（三）科技成果转让、许可和作价投资情况；

（四）科技成果转化绩效和奖惩情况等，包括转化取得收入及分配情况，对科技成果转化人员的奖励和报酬等；

（五）推进产学研合作情况，包括自（共）建研究开发机构、技术转移机构、科技成果转化服务平台情况，签订技术开发合同、技术咨询合同、技术服务合同情况，人才培养和人员流动情况等。

水利部科技主管部门将科技成果转化年度报告纳入科研机构绩效评价指标体系，并将评价结果作为加大对科研机构支持的参考依据。

第三十条 水利研发单位应将科技成果转化业绩纳入绩效考评体系，作为科技人员职称评定、岗位管理等重要依据，对科技成果转化业绩突出的技术转化机构给予奖励。

第三十一条 推进水利科技成果分类评价。建立科学的分类评价指标体系，对基础研究类成果，突出中长期目标导向，以同行评议为主,更加注重研究质量、原创价值和实际贡献评价。对应用技术类成果,突出应用效益,更加注重获得技术专利、成果转化、技术标准研制等评价,不断加强技术成熟度评价,促进科技成果规模化应用。加强评价结果的应用,将评价结果作为推动科技成果转化的重要依据,提升科技成果转化成功率。

第七章　保障措施

第三十二条　加强组织领导。各级水行政主管部门要切实加强对水利科技成果转化工作的组织领导,将科技成果转化工作纳入重要议事日程。要加强政策、资源统筹,建立计划、财务、人事和各业务部门协同推进工作机制,形成科技成果转化工作合力。各水利科研机构应明确相应机构和人员从事水利科技成果转化推广工作。

第三十三条　加大资金投入,建立财政资金与社会资本相结合的多元化投入体系。充分发挥财政资金对水利科技成果转化的引导作用,争取各级财政不断加大对水利科技成果转化的投入。拓宽市场化资金供给渠道,鼓励企业和社会资本先行投入产业化目标明确的重大科研任务,鼓励天使投资、创业投资基金、银行等参与支持水利科技创新创业,加强与国家科技成果转化引导基金的对接。

第三十四条　加强科技人才队伍建设。各级水行政主管部门要将水利科技成果转化人才纳入人才培养计划,依托有条件的科研机构、高等院校、企业建设水利科技转化成果人才培养基地,鼓励科研机构中符合条件的科技人员从事技术转化工作,畅通职业发展通道,制定培养与考评标准,建成一支熟练掌握新科技成果信息、及时了解水利建设需求的高水平、专业化的成果转化人才队伍。

第三十五条　建立长效激励机制。各级水行政主管部门要将水利科技成果转化工作纳入年度目标考核。科技成果持有单位和应用单位应将科技成果推广转化业绩作为科研人员和技术推广转化人员职称评定、考核评价、薪酬管理、岗位聘用的重要内容和依据之一。建立科研人员分类评价制度、科技成果转化奖励制度，逐步建立权责一致、利益共享、激励与约束并重的水利科技成果转化绩效评价体系。

第三十六条　允许科技人员兼职和离岗创业。科技人员在履行岗位职责、完成本职工作的前提下，经征得单位同意，可以到企业兼职从事科技成果转化活动，或者离岗创业，在原则上不超过3年时间内保留人事关系，从事科技成果转化活动。其单位应当与科技人员约定兼职、离岗从事科技成果转化活动期间和期满后的权利和义务，并变更相关聘用合同。

第八章　法律责任

第三十七条　对违反相关规定，在科技成果转化活动中弄虚作假，采取欺骗手段，骗取奖励和荣誉称号、非法牟利的，由有关部门依法依照管理职责责令改正，取消该奖励和荣誉称号，没收违法所得，并给予相应处罚；给他人造成经济损失的，依法承担民事赔偿责任；构成犯罪的，依法追究刑事责任。

第三十八条　依照本办法，水利研发单位建立健全科技成果转化内部管理与奖励制度，自主决定科技成果转化收益分配和奖励方案，单位负责人和相关责任人按照《中华人民共和国促进科技成果转化法》予以免责；对违反本办法，水利研发单位负责人未履行民主决策程序、合理注意义务和监管职责，在科技成果转化工作中失职、渎职并造成严重后果的，应依法给予处分。

第九章　附则

第三十九条　水利研发单位在符合国家相关法律法规规章的

前提下,根据发展需求,可参照执行所在地省级党委政府出台的相关科技成果转化的激励政策。

第四十条 本办法自2021年××月××日起施行,由水利部科技主管部门负责解释。